Pluto
römischer Gott der Unterwelt

Neptun
römischer Gott des Meeres

Uranus
griechischer Gott des Himmels

Saturn
römischer Gott des Ackerbaus

Jupiter
höchster römischer Gott

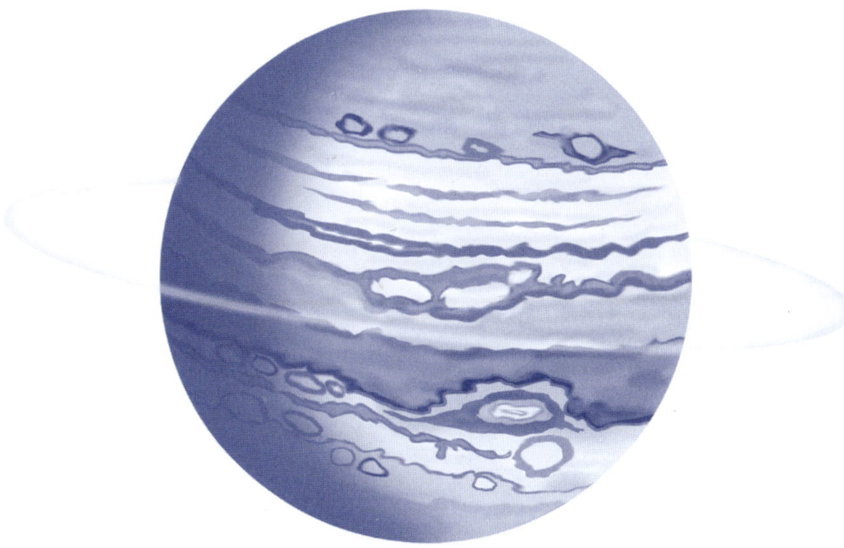

Mars
römischer Gott des Krieges

Venus
römische Göttin der Liebe
und der Schönheit

Merkur
römischer Gott der Händler,
der Reisenden und der Diebe

Karlchen Krabbelfix

Weltraum-Atlas

Inhalt

XENOS

Besuch im Planetarium

Karlchen Krabbelfix ist mit seiner Klasse auf dem Weg in das Planetarium. Dort findet heute nämlich der Unterricht statt, denn auf dem Stundenplan steht das Thema Weltraum. Die Kinder sind sehr gespannt und stellen schon unterwegs die ersten Fragen. Moni fragt: „Was ist das Weltall?" „Wie ist es entstanden?", möchte Leon wissen. Karlchen lacht: „Seht ihr, da ist das Planetarium. Der Unterricht kann beginnen!"

Das Weltall

Das lateinische Wort für Weltall ist Universum und bedeutet: das zu einer Einheit zusammengefasste Ganze. Zum Universum gehört der gesamte Weltraum in seiner Weite und alles, was er beinhaltet: Galaxien mit Sternen und Planeten wie unsere Erde.

Entstehung von Sternen

Die Materie in Form von Staub und Gas sammelte sich in Wolken oder größeren Klumpen an und verdichtete sich. Mit der Zeit entstanden daraus Sterne. Die Sterne bildeten aufgrund ihrer Gravitation (Anziehungskraft) nach und nach Gruppen. Diese riesigen Ansammlungen von Milliarden von Sternen nennt man Galaxien.

Vier Formen von Galaxien

Wir kennen vier verschiedene Formen von Galaxien: Spiralgalaxien, Balkenspiralgalaxien, elliptische Galaxien und irreguläre Galaxien.

Der Urknall

Wissenschaftler nehmen an, dass das Universum vor etwa 15 Milliarden Jahren durch eine Art riesige Explosion, den Urknall, entstanden ist. Der Feuerball der Explosion kühlte nach und nach ab. Es entstanden erste, winzige Teile (Atome) von Materie. Diese verteilte sich, das Universum begann sich auszudehnen.

In einem **Planetarium** wird mit einem Projektionsgerät künstlich ein Sternenhimmel erzeugt, den du dir wie eine Kinovorführung ansehen kannst. Wenn du den echten Sternenhimmel genauer studieren möchtest, kannst du eine **Sternwarte** (ein **Observatorium**) besuchen. Dort werden mit leistungsstarken Teleskopen die echten Himmelsbewegungen beobachtet.

Die Galaxie, in der sich unsere Erde befindet, heißt Milchstraße. Zu den vielen Sternen der Milchstraße gehört auch die Sonne.

Unser Sonnensystem

Unser Sonnensystem entstand vor ca. 4,6 Milliarden Jahren aus einer großen Wolke aus Staub und Gas, die sich immer mehr verdichtete. In ihrer Mitte formte sich eine Kugel aus heißen Gasen, unsere Sonne. In ihrer Umgebung bildeten sich aus Staub und Gas weitere „Klumpen“. Aus ihnen erwuchsen die Planeten. Im Gegensatz zur Sonne leuchten sie nicht selber, sie reflektieren die Sonnenstrahlen nur.

Die Planeten

In unserem Sonnensystem gibt es neun Planeten, die um die Sonne kreisen: Erde, Merkur, Venus, Mars, Jupiter, Saturn, Uranus, Neptun und Pluto. Manche der Planeten werden selbst wiederum von einem oder mehreren Monden umkreist.

Weitere Himmelskörper im Sonnensystem wie Kometen, Asteroiden und Meteoriten befinden sich ebenfalls in einer Umlaufbahn um die Sonne.

Weiterentwicklung des Universums

Die ungeheure Kraft des Urknalls führt heute noch dazu, dass sich das Universum weiter ausdehnt, und damit auch dazu, dass sich die Galaxien mehr und mehr voneinander entfernen. Stell dir das Universum als Ballon vor, auf den lauter Punkte für die Galaxien aufgemalt sind. Wenn du ihn aufbläst, dehnt er sich aus. Die Oberfläche vergrößert sich, und damit auch der Abstand zwischen den Punkten!

Einige Wissenschaftler glauben, dass die Ausdehnung irgendwann endet und alle Materie in Kälte erstarrt. Manche meinen, das Universum werde schließlich zusammenbrechen, weil die Gravitation letzlich alles wieder in einen Punkt zusammenzieht. Andere denken, dass Urknall und Ausdehnung immer zum Zusammenbruch des Universums führen, aber dass aus dem Zusammenbruch auch immer wieder ein neuer Urknall entsteht. Dies könnte dann abwechselnd bis in alle Ewigkeit weitergehen. Sicher ist sich aber keiner – außerdem: Bis so was passieren könnte, werden noch viele Milliarden Jahre vergehen!

Sterne und Sternbilder

Das bekannteste Sternbild am nördlichen Sternenhimmel ist der Große Wagen. Vier Sterne verbinden sich zu einem rechteckigen „Wagen“, weitere vier Sterne bilden die geschwungene Deichsel. Der Große Wagen heißt auch „Himmelswagen“ und ist Teil eines größeren Sternbilds mit dem Namen Großer Bär.

Leuchtende Bilder am Nachthimmel

In einer klaren Nacht kannst du Hunderte von Sternen am Himmel leuchten sehen. Wenn du genau hinsiehst, scheinen die Sterne Gruppen zu bilden. Die Gruppen ergeben unterschiedliche Muster, die wir auch Sternbilder nennen.

Schon in der Antike haben die Menschen in diesen Sternbildern die Umrisse von Tieren oder Personen erkannt und ihnen Namen von Helden, Göttern und Sagengestalten gegeben. Mit Hilfe dieser Fantasienamen kann man sich die Anordnungen von Sternen gut merken und sie am Himmel leichter wiederfinden!

Es gibt insgesamt 88 Sternbilder, die man von der Erde aus sehen kann. Je nachdem, wo man sich auf der Erde befindet, sieht man nur bestimmte Bilder. Man kann nie alle Sterne gleichzeitig beobachten, denn dazu müsste man ja durch die Erde durchsehen können! In Deutschland sehen wir nur den so genannten „nördlichen Sternenhimmel“.

Der nördliche Sternenhimmel

Bei vielen Sternbildern am nördlichen Sternenhimmel ist es nicht ganz leicht, einen Zusammenhang zwischen Name und Umriss zu erkennen. Doch bei einigen Sternbildern findet man ihre Bezeichnung in der Form wieder.

Das Sternbild Löwe sieht mit etwas Fantasie tatsächlich wie ein ruhender Löwe mit erhobenem Haupt aus. Beim Sternbild Hase kann man deutlich die langen „Ohren“ ausmachen!

Das Sternbild Orion trägt den Namen eines sagenhaften Jägers aus der griechischen Antike. In der Anordnung der Sterne kann man den zum Schlag erhobenen Arm und den gebogenen Schild entdecken, der den zweiten Arm verdeckt. Besonders auffällige Sterne markieren die Schultern, den Gürtel und die Füße des Jägers.

Himmelsbeobachtung

Mit bloßem Auge können wir die meisten Himmelskörper nur als leuchtende Punkte erkennen: Sie sind zu weit von der Erde entfernt, als dass man sie genauer betrachten könnte. Dazu brauchen wir Hilfsmittel wie Teleskope.

Mit einem Teleskop (griechisch: tele = fern, skopein = betrachten) kann man weit entfernte Objekte vergrößert anschauen. Es gibt verschiedene Arten von Teleskopen. In optischen Teleskopen (Fernrohren) sind mehrere geschliffene Glaslinsen hintereinander angeordnet, die vergrößerte Bilder von weit entfernten Objekten erzeugen.

Radioteleskope sehen aus wie riesige Satellitenschüsseln und funktionieren auch ähnlich: In der Mitte der Teleskopschüssel sitzt eine leistungsstarke Radioantenne. Das Radioteleskop fängt Funkwellen (die so genannte Radiostrahlung) aus dem All auf und wandelt sie in Bilder um.

Weltraumteleskope kreisen in einer Umlaufbahn um die Erde und senden uns von dort ihre Daten. Weltraumteleskope können besonders scharfe und genaue Bilder erzeugen, da sie in ihrem Empfang nicht durch die Luftbewegungen in der Erdatmosphäre gestört werden.

Aber vor allem können sie verschiedene Arten von Strahlung wie Röntgen, UV und Infrarot messen. Diese Strahlung kann man nicht mit Teleskopen auf der Erdoberfläche empfangen, weil die schützende Atmosphäre sie nicht bis dahin durchlässt.

Teleskop-Rekorde

Die größten optischen Teleskope sind die Keck-Teleskope auf Hawaii. Ihre Spiegel haben jeweils einen Durchmesser von 10 m!

Das größte Radioteleskop steht im Arecibo-Observatorium in Puerto Rico. Der Radiospiegel hat einen Durchmesser von 305 m!

Das größte optische Weltraumteleskop ist das Hubble-Weltraumteleskop (HST). Es kreist seit 1990 in einer Höhe von etwa 600 km um die Erde. Das HST ist 13,2 m lang, wiegt ca. 11 Tonnen und besitzt zwei Spiegel. Der Hauptspiegel hat einen Durchmesser von 2,4 m.

Steinbock
Pegasus
Fische
Andromeda
Widder
Delfin
Adler
Schwan
Kassiopaia
Stier
Kepheus
Perseus
Leier
Polarstern
Fuhrmann
Schlange
Herkules
Kleiner Bär
(Kleiner Wagen)
Orion
Hase
Drache
Zwillinge
Großer Hund
Großer Bär
Schlangenträger
(Großer Wagen)
Nördliche Krone
Bootes
Kleiner Hund
Krebs
Löwe

Die Milchstraße, unsere Galaxie

Die Milchstraße erhielt ihren Namen, weil sie am dunklen Nachthimmel wie ein langes, helles Band wirkt. Früher glaubten die Menschen, es handele sich um Milch, die von den Göttern verschüttet worden sei.

1609 entdeckte der italienische Wissenschaftler Galileo Galilei, der als einer der Ersten den Himmel mit Hilfe eines Fernrohrs beobachtete, dass es sich bei der „Straße“ um viele einzelne Sterne handelte, die nur von weitem wie ein Band aussahen.

Heute wissen wir, dass die Milchstraße eine Ansammlung von Hunderten Milliarden von Sternen ist, eine so genannte Galaxie. Die Sterne bilden zusammen mit Wolken aus Staub und Gas, auch Gasnebel genannt, eine Art riesige Spirale, die um ein Zentrum kreist. Das Zentrum besteht aus einer Anhäufung von dichter stehenden Sternen.

Wenn dieses Zentrum kugelförmig ist, spricht man von einer Spiralgalaxie. Ist das Zentrum länglich, heißt sie Balkenspiralgalaxie. Lange Zeit galt die Milchstraße als eine Spiralgalaxie. Seit gut zehn Jahren häufen sich aber die Hinweise, dass sie eher eine Balkenspirale ist.

Wir kennen noch zwei weitere Formen von Galaxien: elliptische Galaxien mit einer runden bis ovalen Form, und irreguläre Galaxien mit einer unregelmäßigen Form.

Außer der Milchstraße gibt es noch unzählige weitere Galaxien in den Weiten des Weltalls. Die Galaxien, selbst Anhäufungen von Sternen, bilden wiederum Ansammlungen von Galaxien. Unsere Milchstraße ist Teil einer Ansammlung von ca. 30 Galaxien, die wir „Lokale Gruppe“ nennen.

Unsere Sonne befindet sich an der inneren Seite eines der Milchstraßen-Spiralarme. Dieser Spiralarm wird auch Orionarm genannt. Die Größenverhältnisse und Entfernungen sind so riesig, dass wir sie in so genannten Lichtjahren messen.

Licht bewegt sich mit einer Geschwindigkeit von ca. 300 000 km/s vorwärts. Es legt also in einer Sekunde eine Entfernung von 300 000 km zurück. Die Entfernung, die das Licht in einem Jahr zurücklegt, also ein Lichtjahr, beträgt demnach etwa 9 500 000 000 000 km oder 9,5 Billionen km.

1 Billion = 1000 Milliarden
1 Milliarde = 1000 Millionen
1 Million = 1000 · 1000

Die Milchstraße hat einen Durchmesser von etwa 100 000 Lichtjahren. Unser Sonnensystem kreist in einer Entfernung von etwa 25 000 Lichtjahren um das Milchstraßenzentrum und braucht ca. 250 Millionen Jahre für eine Umrundung.

Unsere „Nachbargalaxien“ sind die Große und die Kleine Magellansche Wolke, zwei so genannte irreguläre Galaxien. Sie sind ca. 165 000 Lichtjahre von der Milchstraße entfernt. Die nächste Spiralgalaxie, der Andromedanebel, ist etwa 2,3 Millionen Lichtjahre entfernt.

So könnte unsere Milchstraße von der Seite aussehen.

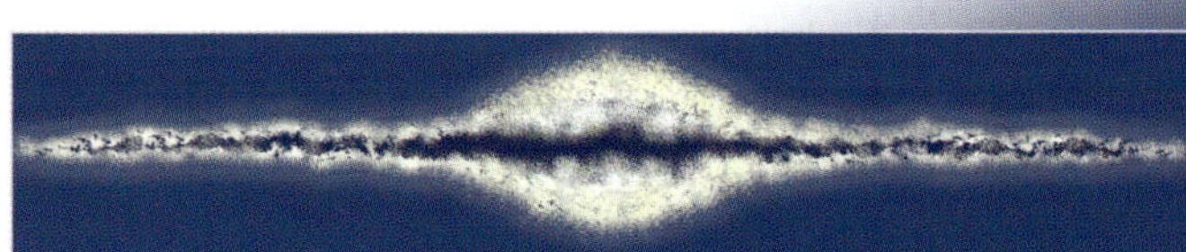

Entstehung und Ende eines Sterns

Sterne entstehen aus Gasnebeln, Wolken aus Gas und Staub. Die vielen Teilchen in diesem Nebel verdichten sich zu einem Wolkenklumpen, einem Protostern. Protosterne sind die Vorstufe von Sternen.

Der Klumpen wird immer dichter, heißer und heißer. Dadurch beginnt der Protostern zu leuchten. Schließlich verschmelzen die Teilchen durch die Hitze miteinander, wobei sehr viel Energie entsteht. Der Protostern zündet mit einem Lichtblitz – stell dir einfach einen starken, hellen Blitz vor – und ein Stern ist entstanden (s. auch „Die Sonne“, S. 8).

Sterne brennen nicht ewig. Wenn das Gas aufgebraucht ist, sterben sie. Kleinere Sterne erlöschen nach und nach. Bei größeren Sternen dehnt sich die äußere Schicht um das Vielfache ihrer Größe aus, während der innere Kern zusammenschrumpft. Die Oberfläche kühlt ab und färbt sich dadurch rot. Der Stern ist jetzt ein „Roter Riese“.

Irgendwann entsteht im Zentrum ein verdichteter Sternenrest, ein „Weißer Zwerg“, die äußeren Schichten lösen sich in einem Strahlenkranz, auch „Planetarischer Nebel“ genannt, auf.

Der übrig bleibende Weiße Zwerg ist zwar klein, aber durch die Verdichtung sehr schwer und hat daher eine hohe Gravitation (Anziehungskraft).

Bei besonders großen Sternen kommt es zu einer riesigen Explosion, einer „Supernova“: Der Rote Riese schleudert seine äußeren Schichten ins All. Es bleibt ein besonders kleiner und heißer Stern, ein Neutronenstern, übrig. Neutronensterne sind die kleinsten und dichtesten Sterne im All.

Manchmal ensteht durch eine Supernova auch ein so genanntes „Schwarzes Loch“. Die Sternenreste fallen in sich zusammen und entwickeln dabei eine immer größere Gravitation. Die ungeheure Anziehungskraft saugt wie ein Loch alles aus der Umgebung auf, selbst das Licht, darum sind Schwarze Löcher für uns nicht sichtbar.

Unser Sonnensystem

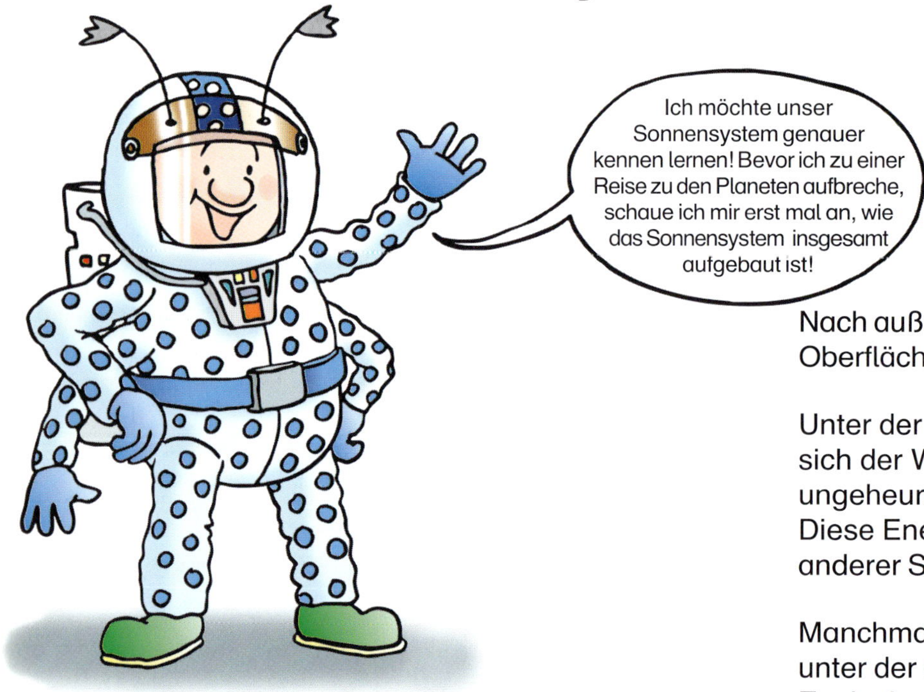

Die Sonne

Die Sonne ist eine Feuerkugel aus brennenden Gasen (vorwiegend Wasserstoff) und hat einen Durchmesser von 1,4 Millionen km – das ist über hundertmal größer als der der Erde! Die Hitze ist im Kern am größten. Dort liegt sie bei ca. 15 Millionen Grad Celsius. Nach außen hin wird die Temperatur niedriger, die Oberfläche ist „nur" noch 5500 Grad Celsius heiß.

Unter der unvorstellbaren Hitze im Kern wandelt sich der Wasserstoff in Helium um, wobei eine ungeheure Menge an Energie freigesetzt wird. Diese Energie wird in Form von Licht, Wärme und anderer Strahlung in das Weltall abgegeben.

Manchmal staut sich die Energie auch so lange unter der Oberfläche auf, bis sie durch eine riesige Explosion, auch Eruption genannt, in den Weltraum geschleudert wird. Diese heißen, weit leuchtenden Gasmassen heißen Protuberanzen.

Auf der Sonnenoberfläche werden manchmal vereinzelte dunkle Flecken sichtbar. An diesen Stellen ist die Temperatur niedriger als in der Umgebung. Man nennt diese Stellen auch Sonnenflecken.

Unser Sonnensystem besteht aus einem zentralen Stern, unserer Sonne, und vielen Himmelskörpern, die sie umkreisen. Dabei handelt es sich um neun größere Planeten sowie unzählige kleinere Himmelskörper wie Kometen, Asteroiden und Meteoriten.

Die Größenverhältnisse von Sonne und Planeten auf dieser Karte sind ungefähr maßstabsgerecht. Um alle nebeneinander abbilden zu können, muss jedoch die Entfernung zwischen ihnen stark verkürzt dargestellt werden.

Die Planeten

In unserem Sonnensystem sind derzeit neun große Planeten bekannt: Merkur, Venus, Erde, Mars, Jupiter, Saturn, Uranus, Neptun und Pluto.

Die Reihenfolge der Planeten in ihrer Entfernung zur Sonne kann man sich ganz einfach mit diesem Spruch merken: „Mein Vater erklärt mir jeden Sonntag unsere neun Planeten." Die richtige Reihenfolge ergibt sich aus den Anfangsbuchstaben!

Man unterscheidet zwischen inneren und äußeren Planeten, und zwar von der Erde aus gesehen. Die inneren Planeten, Merkur und Venus, kreisen innerhalb der Erdbahn um die Sonne. Die äußeren Planeten, Mars, Jupiter, Saturn, Uranus, Neptun und Pluto, kreisen außerhalb der Erdbahn um die Sonne.

Die vier Planeten nahe der Sonne, Merkur, Venus, Erde und Mars, bestehen aus Gestein. Zwischen Mars und Jupiter kreist wie eine Art Grenze der Asteroidengürtel. Asteroiden sind große Brocken aus Gestein oder Eis, die sich nicht zu größeren Planeten ausgebildet haben.

Von den Planeten jenseits des Asteroidengürtels bestehen vier aus Gas: Jupiter, Saturn, Uranus und Neptun. Pluto, der äußerste Planet, besteht vorwiegend aus Eis.

Die Planetenmonde

Während die Planeten um die Sonne kreisen, werden die meisten von ihnen wiederum von eigenen Monden umrundet. Nur Merkur und Venus haben keine Monde. Um Erde und Pluto kreist jeweils ein Mond, um Mars zwei.

Die vier großen Planeten haben als so genannte „Gasriesen" jeweils ein Ringsystem und mehrere Monde. Die Ringe setzen sich aus unzähligen Fels- und Eisbrocken unterschiedlicher Größe zusammen. Sie umkreisen die Planeten in ähnlicher Form wie der Asteroidengürtel die Sonne.

Die Gravitation

Da alle Planeten aus dem flachen Staub- und Gasring um die Sonne entstanden sind, kreisen auch alle in etwa auf einer gedachten Ebene und in der gleichen Richtung um die Sonne.

Die ungeheure Gravitation (Anziehungskraft) der Sonne hält die Planeten in ihrer Umlaufbahn. Die eigene Gravitation der einzelnen Planeten wirkt, gemeinsam mit den durch die Umdrehung entstehenden Fliehkräften, der Sonnengravitation entgegen. Das verhindert, dass die Planeten in die Sonne stürzen.

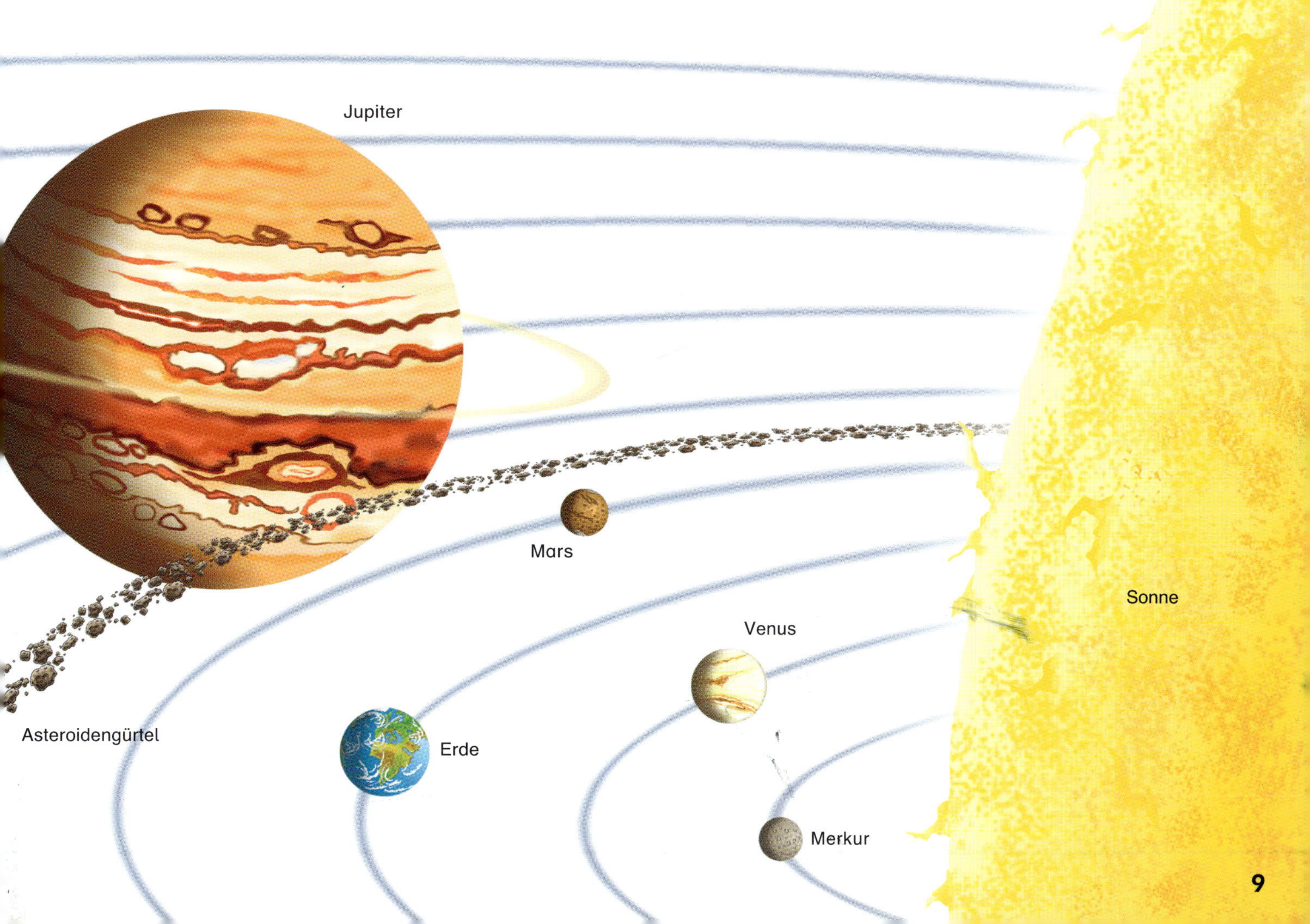

Die Erde

Die Erde ist durchschnittlich 150 Millionen km von der Sonne entfernt und liegt damit nach Merkur und Venus an dritter Stelle in unserem Sonnensystem.

Um die Sonne einmal zu umkreisen, braucht die Erde ein Jahr. Die Bahn der Erde um die Sonne ist nicht ganz kreisrund. Der Abstand zwischen Erde und Sonne ist dadurch im Verlauf eines Jahres unterschiedlich.

Anfang Januar ist die Erde der Sonne mit 147 Millionen km am nächsten. Anfang Juli ist sie mit 152 Millionen km am weitesten von ihr entfernt.

Die Erde hat einen Durchmesser von 12 756 km am Äquator und 12 714 km an den Polen. Sie ist damit keine vollkommene Kugel, sondern hat eine leicht abgeflachte Form.

Diese Form entsteht durch die Fliehkräfte, die sich bei der Rotation (Umdrehung) um sich selbst entwickeln.

Für eine Umdrehung um sich selbst braucht die Erde einen Erdentag, das sind 24 Stunden. Wir Menschen unterteilen diese 24 Stunden in zwei Hälften, Tag und Nacht.

Der Teil der Erde, der gerade von der Sonne beschienen wird, ist hell. Dort ist gerade Tag. Die der Sonne abgewandte Seite der Erde liegt im Dunkeln, dort ist gerade Nacht. Weil sich die Erde unablässig um sich selbst dreht, wechseln sich Tag und Nacht ab.

Darüber hinaus wandert sie auf einer gedachten Ebene um die Sonne. Die Drehachse der Erde ist aber nicht senkrecht, sondern etwa um 23 Grad zu dieser Ebene gekippt.

Über das Jahr ist deshalb mal die Nordhalbkugel und mal die Südhalbkugel mehr der Sonne zugewandt. Dadurch gibt es die verschiedenen Jahreszeiten auf der Erde.

Die Erde ist der einzige bekannte Planet in unserem Sonnensystem, auf dem es Leben gibt. Das liegt an den richtigen „Zutaten“: Wärme, Wasser und Luft. Durch die richtige Entfernung zur Sonne ist es auf der Erde weder zu heiß noch zu kalt.

Die Erde ist zu zwei Dritteln mit Wasser bedeckt. Deshalb sieht sie von weitem blau aus und wird auch der „Blaue Planet“ genannt. Das Wasser lässt Pflanzen, Menschen und Tiere gedeihen.

Die Luft, die wir zum Atmen brauchen, haben wir einer Lufthülle um die Erde zu verdanken, der Atmosphäre. Die Atmosphäre besteht aus mehreren Gasschichten. Je weiter die Entfernung zur Erdoberfläche ist, desto dünner ist das Gas.

Die Erdatmosphäre besteht aus fünf Schichten. Die Troposphäre direkt über der Erdoberfläche reicht bis zu einer Höhe von ca. 10 km. In dieser Schicht spielt sich unser Wetter ab! Es folgen Stratosphäre (bis 50 km), Mesosphäre (bis 85 km), Thermosphäre (bis 500 km) und Exosphäre (ab 500 km), der Übergang in den Weltraum.

Die Atmosphäre liefert uns nicht nur die lebenswichtige Luft zum Atmen, sie hält die Erde auch warm, indem sie die wärmenden Strahlen durchlässt und einen Teil zurückhält.

Außerdem schützt sie uns vor gefährlicher Strahlung aus dem Weltraum. Die Ozonschicht, Teil der Stratosphäre, filtert die schädliche ultraviolette Strahlung aus dem Sonnenlicht.

Leider produzieren die Menschen z. B. mit ihren Autos und Fabriken so viele Abgase, die Ozon zerstören, dass diese lebenswichtige Schicht immer dünner wird und immer mehr schädliche krebserregende Strahlen die Erde erreichen.

Die Jahreszeiten

Sommersonnenwende
Auf der Nordhalbkugel ist der 21. Juni der längste Tag des Jahres, die folgende Nacht die kürzeste. Ab jetzt werden die Tage wieder kürzer, die Nächte länger.

Anfang Juli: Sommer
Die Nordhalbkugel ist der Sonne zugewandt und wird von ihr länger beschienen als die Südhälfte. Die Tage sind dadurch auf der Nordhalbkugel länger als die Nächte, die Temperaturen sind höher.

Anfang April: Frühling
Die Sonnenscheindauer auf der Nordhalbkugel verlängert sich wieder, die Temperaturen steigen. Die Tage sind wieder etwa gleich lang wie die Nächte.

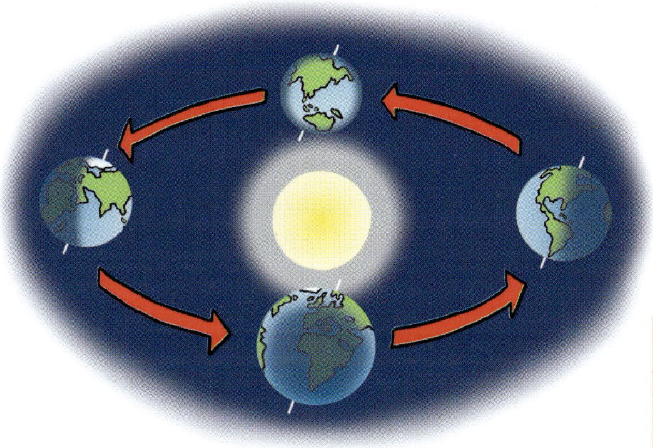

Anfang Januar: Winter
Nun ist die Südhalbkugel der Sonne zugewandt. Die Nordhälfte wird kürzer als sie von der Sonne beschienen. Dort sind jetzt die Temperaturen niedriger und die Tage sind kürzer als die Nächte.

Wintersonnenwende
Auf der Nordhalbkugel ist der 21. Dezember der kürzeste Tag des Jahres, die folgende Nacht die längste. Ab jetzt werden die Tage wieder länger, die Nächte kürzer.

Anfang Oktober: Herbst
Die Temperaturen auf der Nordhalbkugel sinken, weil die Sonnenscheindauer dort wieder abnimmt. Auf der ganzen Erde sind jetzt die Tage und Nächte ungefähr gleich lang.

Der Blaue Planet

Die Erde ist vor etwa 4,6 Milliarden Jahren entstanden. Kurz nach der Entstehung unserer Sonne bildeten sich in den Ringen aus Staub und Gas, die sie umkreisten, Wirbel, in denen sich die Teilchen ansammelten und verdichteten. Aus einem dieser Wirbel entstand die Erde.

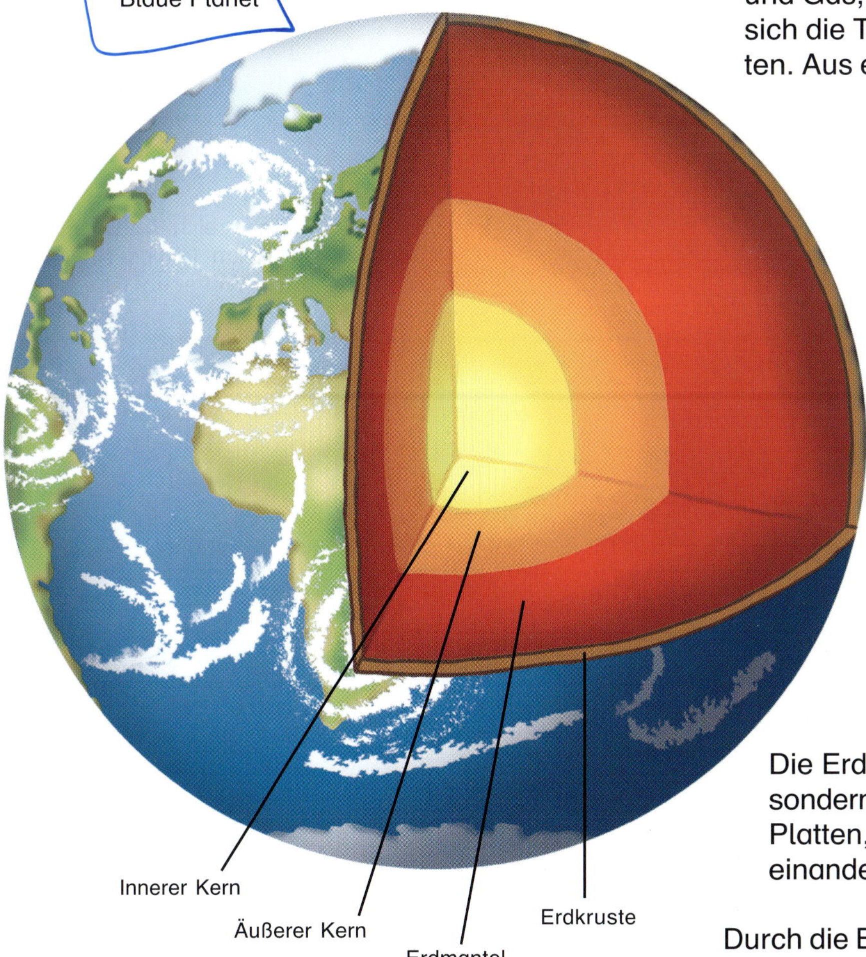

Durch die Verdichtung erhöhte sich der Druck und es bildete sich ein glühender Klumpen aus flüssigem Gestein. Mit der Zeit kühlte dieser Klumpen ab und erstarrte zu einer Kugel mit fester Oberfläche.

Wissenschaftler gehen davon aus, dass der Erdkern aus zwei Teilen besteht. Der innere Kern soll aus Eisen sein, das so heiß ist, dass der äußere Kern flüssig bleibt. Umschlossen wird der Erdkern von einer ca. 3000 km dicken Gesteinsschicht, dem Erdmantel. Darüber liegt die Erdkruste, auf deren Oberfläche wir Menschen leben.

Die Erdkruste besteht nicht aus einem Stück, sondern aus acht großen und mehreren kleinen Platten, die sich in stetiger Bewegung, voneinander weg und zueinander hin, befinden.

Durch die Bewegung entstehen an den Plattengrenzen Spannungen in der Erdkruste. Die Folge sind Erdbeben und Vulkanausbrüche, bei denen flüssiges Gestein, Lava, aus der Erde geschleudert wird.

Die Erde und der Mond

Die Erde wird von einem Mond umkreist. Für eine Erdumkreisung braucht der Mond etwa 29 Erdentage. Auch der Mond dreht sich. Während einer Erdumrundung dreht er sich auch einmal um sich selbst. Das hat zur Folge, dass er der Erde immer die gleiche Seite zuwendet. Seine „Rückseite“ sehen wir nie!

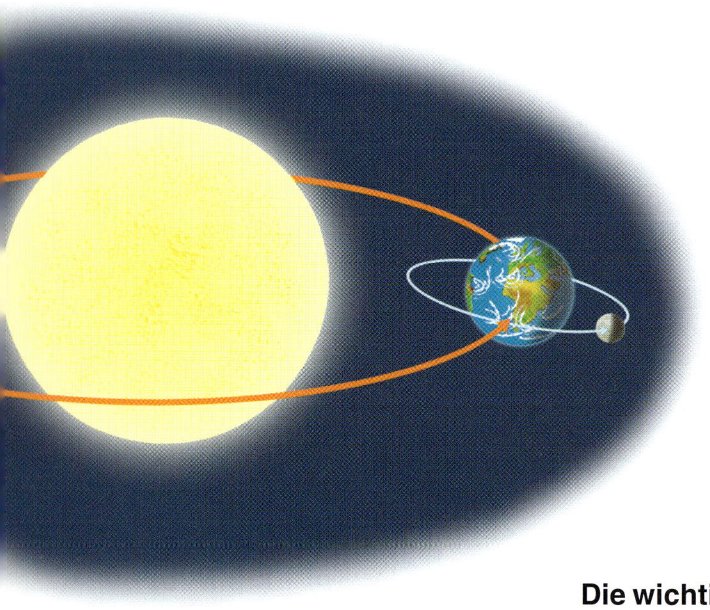

Der Mond leuchtet nicht selbst. Er sieht so hell aus, weil er von der Sonne angestrahlt wird. Wie viel wir vom Mond sehen, hängt davon ab, wo er sich gerade auf seiner Umlaufbahn um die Erde befindet.

Die Sonne beleuchtet immer eine Hälfte des Mondes, aber auf der Erde blicken wir nicht nur auf diese Hälfte, sondern auch auf einen Teil der unbeleuchteten Seite. Da diese im Schatten liegt, also kein Sonnenlicht reflektieren kann, sehen wir sie nicht.

Während der Mond die Erde umkreist, wandert auch die von der Erde sichtbare Grenze zwischen beleuchteter und unbeleuchteter Mondhälfte. Für uns scheint der Mond in seiner Form zu- oder abzunehmen, d. h. er durchläuft so genannte Mondphasen.

Der zu- oder abnehmende Mond bleibt also in Wirklichkeit immer gleich groß, aber für uns sieht er mal wie eine Sichel, mal wie ein Halbkreis aus.

Die wichtigsten Mondphasen

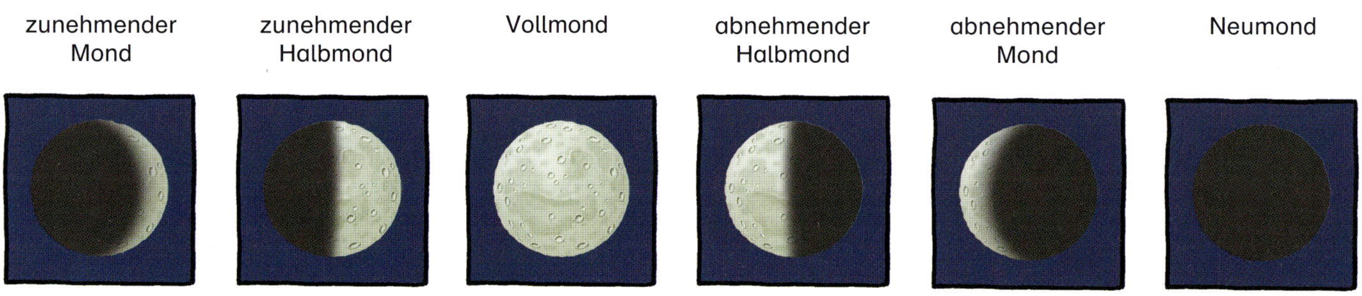

Wenn die Sonne die von der Erde aus sichtbare Seite des Mondes voll beleuchtet, können wir die ganze Seite sehen, wir haben **Vollmond**.

Wenn die Sonne die von der Erde abgewandte Seite des Mondes bescheint, sehen wir den Mond gar nicht mehr, weil die von der Erde aus sichtbare Seite im Schatten liegt. Es ist **Neumond**.

Ebbe und Flut

Der Mond beeinflusst mit seiner Gravitation (Anziehungskraft) die Meere auf der Erde. Das Wasser wird durch die Gravitation des Mondes angezogen. Auf der dem Mond zugewandten Seite der Erde bildet sich ein so genannter „Flutberg“.

Dabei zieht sich das Wasser von den Küsten zurück. Dort herrscht jetzt Ebbe. Durch die Drehung der Erde wandert der Flutberg weiter. Wenn er die Küsten erreicht, steigt dort der Wasserspiegel, es herrscht Flut.

Auf der anderen Seite der Erde bildet sich ebenfalls ein Flutberg. Denn durch die Drehung der Erde um sich selbst entstehen Fliehkräfte, die auch auf das Wasser wirken.

Durch die Erdumdrehung wandern also innerhalb von 24 Stunden zwei Flutberge um die Erde. An den Küsten gibt es zweimal Ebbe und zweimal Flut, immer in einem Abstand von ca. sechs Stunden.

Ebbe und Flut werden auch Gezeiten oder Tiden genannt. Der Tidenhub, so heißt der Unterschied zwischen den Wasserständen bei Ebbe und Flut, beträgt je nach Küste bis zu über 20 m.

Auch die Sonne beeinflusst unsere Meere, jedoch durch ihre viel größere Entfernung nicht so stark wie der Mond. Je nach Sonnenstand wirkt ihre Gravitation gemeinsam mit der des Mondes, d. h. verstärkend (bei einer Springflut) oder entgegengesetzt zu der des Mondes, d. h. abschwächend (bei einer Nippflut).

Mondfinsternis

Bei der Erdumkreisung des Mondes kommt es manchmal vor, dass die Erde zwischen Mond und Sonne steht. Der Mond liegt dann im Schatten der Erde, es herrscht eine Mondfinsternis. Wenn der Mond gänzlich im Erdschatten liegt, spricht man von einer „totalen“ Mondfinsternis, die bis zu zwei Stunden dauern kann.

Ganz dunkel wird der Mond dabei jedoch nie. Das Sonnenlicht wird in der Erdatmosphäre gestreut und ein Teil davon reicht aus, um der Mondscheibe eine schwache, rötliche Tönung zu verleihen.

Weil die Mondumlaufbahn gegenüber der Erdumlaufbahn (um die Sonne) um ca. fünf Grad geneigt ist, kommen diese Finsternisse nicht sehr häufig vor. Wenn ihre Bahnen auf der gleichen Ebene liegen würden, käme es bei jedem Vollmond zur Mondfinsternis und bei jedem Neumond zur Sonnenfinsternis!

Sonnenfinsternis

Wenn sich der Mond bei seiner Erdumkreisung zwischen die Erde und die Sonne schiebt, kann es zu einer Sonnenfinsternis kommen. Der Mond verdeckt den Blick auf die Sonne und wirft einen Schatten auf die Erde.

In dem Moment, in dem der Mond die Sonne vollständig verdeckt, herrscht „totale“ Sonnenfinsternis. Mitten am Tag wird es für wenige Minuten dunkel. Der sonst unsichtbare Strahlenkranz der Sonne, die Korona, ist deutlich zu sehen.

Da der Mondschatten aber viel kleiner als die Erde ist, trifft er nur eine kleine Fläche der Erde. Die Sonnenfinsternis ist darum nicht überall zu sehen.

Mond, Venus und Merkur

Der Mond

Mit einem Durchmesser von 3476 km ist der Mond etwas mehr als ein Viertel so groß wie die Erde. Die Entfernung zwischen Erde und Mond berträgt ca. 385 000 km.

Wissenschaftler nehmen an, dass der Mond vor etwa 4,5 Milliarden Jahren, also kurz nach unserer Erde, entstanden ist, und zwar als ein größeres Objekt mit der Erde zusammenstieß. Die Trümmerteile des Himmelskörpers und Teile der Erde kreisten zunächst in einem Ring um die Erde, bis sich daraus der Mond bildete.

Der Mond besteht also hauptsächlich aus Gestein. Im Laufe der Jahrmilliarden schlugen immer wieder Meteoriten in seine Oberfläche ein. Die Mondoberfläche ist daher von unzähligen Kratern übersät. Ähnliche Krater auf der Erde sind heute nicht mehr zu sehen, weil sie von Pflanzen zugewachsen sind oder von Wind und Wetter dem Erdboden gleichgemacht wurden.

Wie die Erde war der Mond zuerst ein Ball aus flüssiger Glut, der erst nach und nach beim Erkalten eine feste Kruste bildete. Einschlagende Meteroiten aktivierten Vulkane, die große Mengen flüssigen Gesteins, Lava, freisetzten.

Unser Nachbar

Von der Erde aus sind viele große, dunkle Flächen erkennbar. Früher hielten die Menschen sie irrtümlich für Meere und nannten sie darum auch „Mondmeere". Heute wissen wir, dass es sich bei den Mondmeeren um erkaltete Lava handelt.

Im Gegensatz zur Erde besitzt der Mond keine Atmosphäre. Deshalb gibt es keine Luft zum Atmen, außerdem ist die Mondoberfläche auch gefährlicher radioaktiver Strahlung aus dem Weltall ausgesetzt. Menschen, die den Mond erkunden wollen, müssen darum zum Schutz Raumanzüge tragen, in denen sie von der Erde „mitgebrachte" Luft atmen können.

Die Venus

Mit einem Durchmesser von ca. 12 000 km ist die Venus fast genauso groß wie die Erde. Die Venus ist der Planet, der der Erde am nächsten liegt. Sie ist durchschnittlich ca. 150 Millionen km von der Erde entfernt. Ihre Entfernung zur Sonne beträgt ca. 108 Millionen km. Das ist ein Drittel weniger, als die Erde von der Sonne entfernt ist.

Nach Sonne und Mond ist die Venus das hellste Objekt am Himmel. Da man sie darum oft als ersten Planeten am Abendhimmel und als einen der letzten am Morgenhimmel ausmachen kann, nannten die Menschen sie früher auch „Abendstern“ oder „Morgenstern“.

Die Atmosphäre der Venus ist so dicht, dass die Wärme der eindringenden Sonnenstrahlen gespeichert wird. An der Oberfläche der Venus herrschen dadurch Temperaturen von ca. 480 Grad Celsius. Die dichten Wolken, die die Venus einhüllen, bestehen nicht aus Wasser (wie die der Erde), sondern aus stark ätzender Schwefelsäure. Durch die Hitze verdampft der Säureregen zu dichtem Nebel.

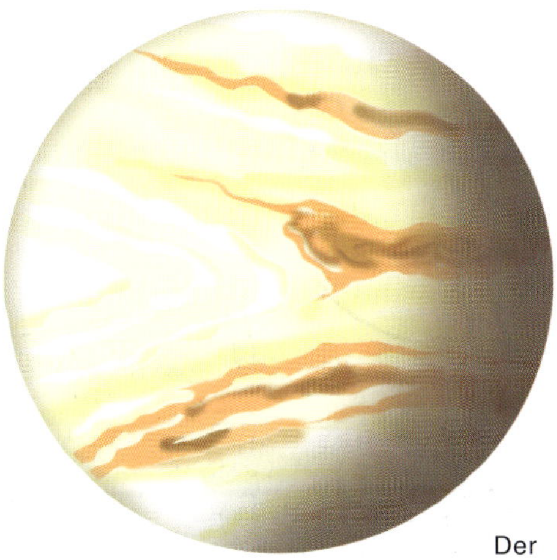

Der Abendstern

Im Jahr 1969 landeten die Menschen das erste Mal auf dem Mond. Siehe unter „Raumfahrt“, S. 24!

Die Oberfläche ist voller Meteoritenkrater, aktiver Vulkane sowie zahlreicher Lavaflüsse und -seen. Dazu kommen die giftige Atmosphäre, die hauptsächlich aus Kohlendioxidgas besteht, sowie ständige, schwere Stürme.

Alles in allem ist die Venus also ein absolut lebensfeindlicher Planet, den kein Mensch je betreten könnte.

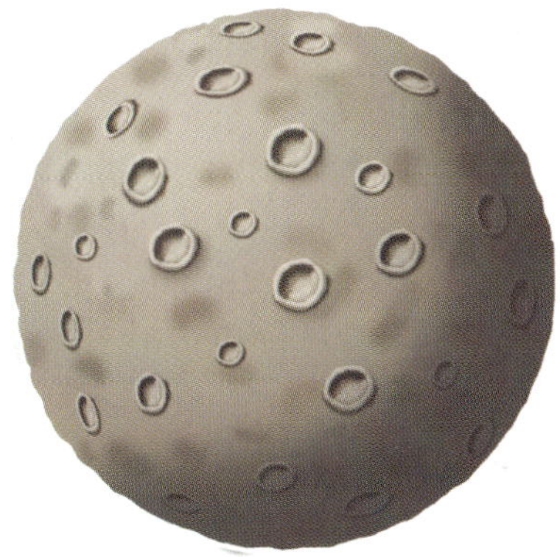

Der heißkalte Planet

Der Merkur

Der Merkur ist mit einem Durchmesser von ca. 4880 km etwas mehr als ein Drittel so groß wie die Erde und nach Pluto der zweitkleinste Planet im Sonnensystem.

Der Merkur ist der Planet, der unserer Sonne am nächsten ist. Die durchschnittliche Entfernung zur Sonne beträgt ca. 58 Millionen km, das ist dreimal dichter, als die Erde der Sonne ist.

Wie der Mond besitzt auch der Merkur keine Atmosphäre und sieht ihm daher sehr ähnlich. Unzählige Krater von Meteoriteneinschlägen bedecken die Oberfläche.

Der größte Krater, das Caloris-Becken, hat einen Durchmesser von 1300 km. Direkt auf der Rückseite des Planeten befindet sich ein riesiges Gebirge. Wissenschaftler vermuten, dass es durch denselben Meteoriteneinschlag verursacht wurde wie das Caloris-Becken. Die Schockwellen des Einschlags „wanderten“ duch den Planeten und schoben auf der Rückseite Berge auf.

Der Merkur dreht sich sehr langsam um sich selbst. Für eine Umdrehung braucht er ca. 58 Erdentage. Dadurch herrschen starke Temperaturunterschiede an der Oberfläche. Auf der Sonnenseite wird es bis zu 470 Grad Celsius heiß, auf der Seite im Sonnenschatten kühlt es bis auf –180 Grad Celsius ab.

Mars, Jupiter und Saturn

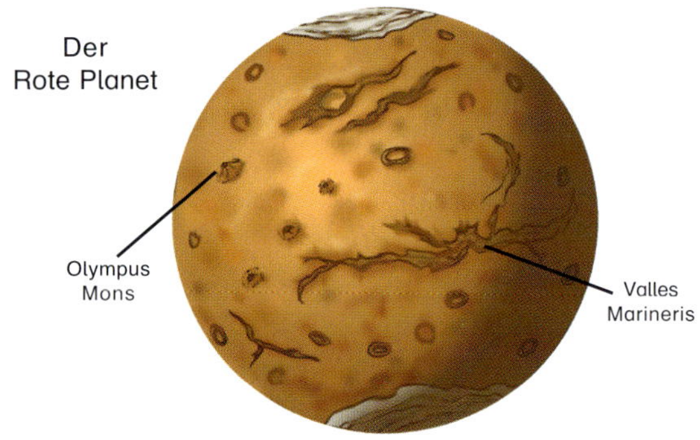

Der Mars

Der Mars ist nur etwa halb so groß wie die Erde. Er hat einen Durchmesser von ca. 6800 km. Zwei kleine Monde, Phobos und Deimos, umkreisen den Mars. Seine Entfernung zur Sonne beträgt rund 228 Millionen km und ist damit anderthalbmal größer als die der Erde zur Sonne.

Der Mars ist zehnmal leichter als die Erde und hat dadurch eine geringe Schwerkraft. Die Atmosphäre ist sehr dünn und der Luftdruck so gering, dass es Wasser auf dem Mars nicht in flüssiger Form gibt. Es existiert nur als Wasserdampf in der Atmosphäre oder als Eis an den Polkappen.

Die Temperaturen auf dem Mars liegen, je nach Tages- und Jahreszeit, zwischen –130 und +25 Grad Celsius. Häufig ist die Oberfläche in Staubwolken verhüllt. Dann toben gerade starke Staubstürme.

Die Marsoberfläche ist von riesigen Schluchten und Tälern wie den Valles Marineris durchzogen. Es gibt mehrere erloschene Vukane. Der Olympus Mons ist über 25 000 m hoch und damit der höchste Vulkan im Sonnensystem.

Viele ausgetrocknete Flusstäler deuten darauf hin, dass es auf dem Mars früher große Mengen von Wasser und damit vielleicht auch Leben gegeben haben muss. Die heutigen Bedingungen auf dem Mars lassen jedoch kein Leben zu.

Der Mars wird auch der „Rote Planet“ genannt. Der Boden ist eisenoxid-, also rosthaltig, daher hat er seine rote Färbung.

Der Asteroidengürtel

Zwischen den Bahnen von Jupiter und Mars kreisen unzählige große Brocken aus Gestein oder Metall, Asteroiden, in einem Ring um die Sonne. Die meisten messen einige Meter, manche sind aber auch viel größer. Am größten ist Ceres mit ca. 1000 km Durchmesser.

Der Jupiter

Der Jupiter ist der größte Planet in unserem Sonnensystem und mit über 142 000 km Durchmesser elfmal so groß wie die Erde. Er ist 778 Millionen km von der Sonne entfernt, das ist gut fünfmal weiter als die Erde.

Der Jupiter ist ein so genannter Gasriese. Im Gegensatz zur Erde hat er keine feste Oberfläche, sondern besteht aus Gas, das einen vermutlich festen Kern umhüllt. Das Gas wird zum Kern hin immer dichter und heißer, der Druck steigt. Dadurch verflüssigt sich das Gas, direkt am Kern wird es fest.

Der Jupiter dreht sich so schnell um sich sich selbst (einmal in knapp zehn Stunden), dass starke Fliehkräfte entstehen. Dadurch sieht er im Fernrohr nicht kugelrund, sondern eher oval aus.

Der Jupiter wird wie alle Gasriesen von einem Ringsystem (s. Saturn) umkreist, außerdem von unzähligen kleineren und größeren Monden. Die größten Monde sind Io, Europa, Ganymed und Kallisto. In ihrer Beschaffenheit sind sie unterschiedlich.

Auf Io befinden sich aktive Vulkane. Europa verfügt über eine glatte Oberfläche aus Eis. Ganymed ist mit einem Durchmesser von ca. 5262 km der größte Mond im Sonnensystem und damit sogar größer als der Planet Merkur. Auf Kallisto gibt es riesige Krater. Der Walhalla-Krater ist der größte bekannte Krater im Sonnensystem.

Über die obere Atmosphäre des Jupiter ziehen mächtige Stürme. Der größte ist der so genannte „Große Rote Fleck“, der schon seit Hunderten von Jahren tobt. Unglaublich: Dieses Sturmgebiet ist zweimal so groß wie die Erde!

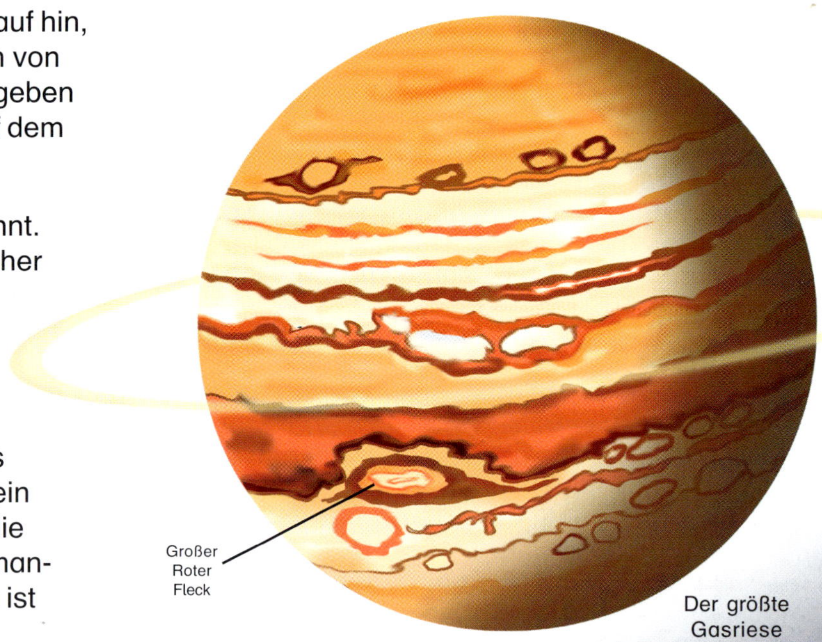

Der größte Gasriese

Der Saturn

Der Ringplanet

Der Saturn ist der zweitgrößte Planet in unserem Sonnensystem und wie der Jupiter ein Gasriese. Er hat einen Durchmesser von über 120 000 km und ist damit rund zehnmal größer als die Erde.

Er ist über 1400 Millionen (1,4 Milliarden) km von der Sonne entfernt, also zehnmal weiter weg als die Erde.

Der Saturn hat die Form einer platt gedrückten Kugel. Das liegt an seiner hohen Umdrehungsgeschwindigkeit (er braucht nur zehn Stunden für eine Umdrehung), die starke Fliehkräfte freisetzt.

Der Saturn ist der Planet mit der niedrigsten Dichte im Sonnensystem. Sie ist kleiner als die Dichte von Wasser. Wäre der Weltraum ein Meer, würde der Saturn ganz oben schwimmen!

Der Saturn wird auch der „Ringplanet“ genannt, da er ein besonders großes und hell leuchtendes Ringsystem besitzt. Die Ringe setzen sich aus unzähligen Fels- und Eisbrocken unterschiedlicher Größe zusammen.

Die Ringe haben einen Durchmesser von über 300 000 km, aber sie sind weniger als einen Kilometer dick. Ihre Bahn um den Saturn ähnelt der des Asteroidengürtels um die Sonne.

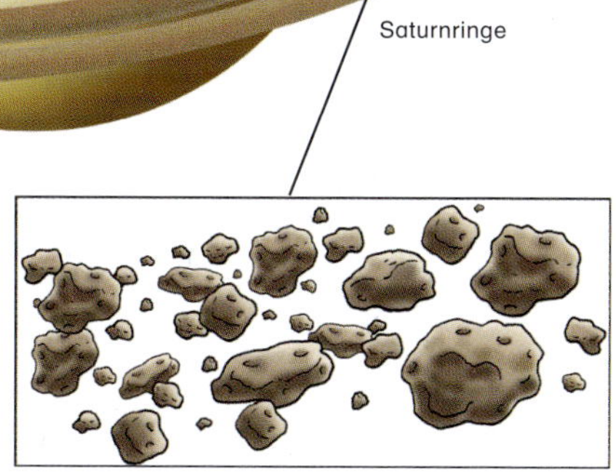

Ähnlich wie beim Jupiter wurden auch beim Saturn in den letzten Jahren immer noch neue Monde entdeckt. 31 Saturnmonde sind derzeit bekannt. Der größte ist der Titan mit einem Durchmesser von 5150 km.

Der Titan ist der einzige bekannte Mond im Sonnensystem, der eine dichte Atmosphäre hat. Manche Wissenschaftler vermuten, dass sich unter ihrem Schutz Leben auf dem Titan entwickelt haben könnte.

Uranus, Neptun und Pluto

Der „rollende" Planet

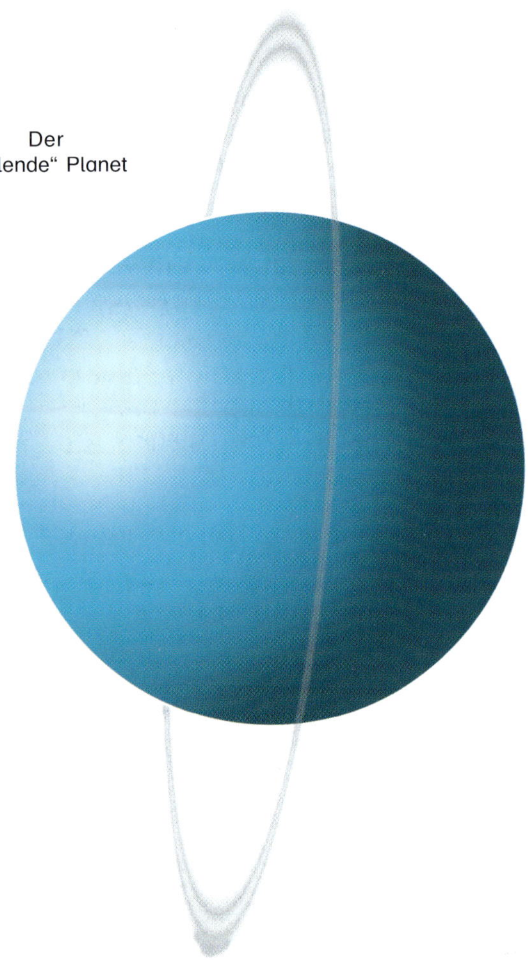

Der Uranus

Gut doppelt so weit weg von der Sonne wie der Saturn ist der Uranus. Er umkreist sie in einer Entfernung von ca. 2900 Millionen (2,9 Milliarden) km und ist damit neunzehnmal weiter von der Sonne entfernt als die Erde.

Wie Jupiter und Saturn ist der Uranus ein Gasriese mit einem Ringsystem und Monden, im Umfang aber nur etwa halb so groß. Mit einem Durchmesser von rund 51 000 km am Äquator ist er gut viermal größer als die Erde.

Ähnlich wie Jupiter und Sturn besteht der Uranus vorwiegend aus Helium und Wasserstoff. Dazu kommt Methangas in der Atmosphäre. Die roten Bestandteile von Licht werden davon absorbiert und die blauen reflektiert, was den Uranus von weitem blaugrün ausehen lässt.

Besonders auffällig am Uranus ist seine „gekippte" Drehachse. Jeder der anderen acht Planeten bewegt sich „aufrecht" um sich selbst drehend auf einer gedachten Ebene um die Sonne (so wie ein Kreisel). Uranus hingegen dreht sich senkrecht zu dieser gedachten Ebene, er scheint sozusagen auf seiner Umlaufbahn zu „rollen".

Wissenschaftler vermuten, dass der Uranus vor Millionen von Jahren durch einen Zusammenstoß mit einem anderen Himmelskörper in seiner Drehachse gekippt wurde.

Der Neptun

Der Neptun ist mit knapp 50 000 km Durchmesser am Äquator der kleinste Gasriese in unserem Sonnensystem. Er ist knapp viermal größer als die Erde und mit einer Entfernung von ca. 4500 Millionen (4,5 Milliarden) km dreißigmal weiter von der Sonne entfernt als die Erde.

Wie auf dem Uranus ist es durch die weite Entfernung zur Sonne sehr kalt auf dem Neptun. Die oberen Gasschichten sind zwischen –180 und –200 Grad Celsius kalt.

Bisher sind 13 Neptunmonde entdeckt worden. Der größte, Triton, ist mit einer Oberflächentemperatur von –236 Grad Celsius der kälteste bekannte Himmelskörper in unserem Sonnensystem.

Der „Wolkenplanet“

Von weitem sieht der Neptun leuchtend blau aus. Man könnte fälschlicherweise denken, dass seine Oberfläche mit Ozeanen bedeckt ist. Aber auf dem Neptun gibt es kein Wasser!

In der Atmosphäre des Neptun ist mehr Methangas enthalten als bei allen anderen Gasriesen im Sonnensystem. Dadurch erhält er seine blaue Färbung (s. Uranus).

Über die dichten blauen Wolken ziehen kleine, weiße Streifen aus Methaneis, und zwar so rasend schnell, dass sie den Spitznamen „Scooter“ (Flitzer) erhielten.

Auf dem Neptun toben die stärksten Stürme des Sonnensystems, die Windgeschwindigkeiten reichen bis zu 2000 km/h.

Mittels Sonden wurde auf der Oberfläche ein riesiger Wirbelsturm, ähnlich dem Großen Roten Fleck auf dem Jupiter, entdeckt. Mittlerweile hat er sich aber wieder aufgelöst.

Der Doppelplanet

Der Pluto

Der Pluto ist der kleinste Planet in unserem Sonnensystem. Mit einem Durchmesser von knapp 2300 km ist er sogar kleiner als unser Erdenmond.

Seine mittlere Entfernung zur Sonne beträgt ca. 5900 Millionen (5,9 Milliarden) km, das ist vierzigmal weiter als die Entfernung der Erde zur Sonne.

Plutos Umlaufbahn ist stark elliptisch (wenn du schräg auf ein kreisrundes Glas schaust, erscheint der Rand nicht mehr kreisrund, sondern „gestaucht“: elliptisch). Die Entfernung zur Sonne schwankt zwischen 4300 und 7500 Millionen km. Dadurch kommt er manchmal der Sonne näher als der Neptun.

Da der Pluto so klein und so weit entfernt von der Erde ist, wurde er erst im Jahr 1930 entdeckt, sehr viel später als die anderen Planeten, die zum Teil bereits seit Jahrtausenden bekannt sind.

Und erst im Jahr 1978 entdeckte man, dass der Pluto von einem Mond, Charon, umkreist wird. Vorher hatte man die beiden für einen einzigen Planeten gehalten. Charon ist mit fast 1200 km Durchmesser gut halb so groß wie Pluto und größer als alle anderen Monde im Vergleich zu ihren Planeten. Daher wird der Pluto auch „Doppelplanet“ genannt.

Der Pluto ist durch seine weite Entfernung auch der am wenigsten erforschte Planet in unserem Sonnensystem. Bekannt ist aber, dass er hauptsächlich aus Eis besteht.

Auffällig ist die äußerliche Ähnlichkeit Plutos mit dem Neptunmond Triton. Wissenschaftler haben früher vermutet, dass Pluto ein ehemaliger Neptunmond ist. Heute glaubt man eher, dass Triton, wie Pluto, früher unabhängig von Neptun um die Sonne gekreist ist, bis er durch die Anziehungskraft des Neptun „eingefangen“ wurde.

Kometen, Asteroiden und Meteoriten

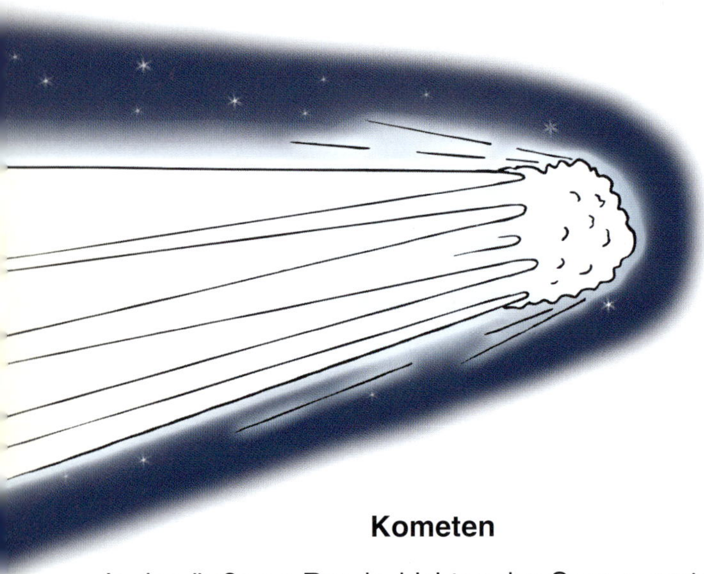

Kometen

In den äußeren Randschichten des Sonnensystems befinden sich unzählige Kometen. Sie bestehen aus Gesteinsteilen, Staub und Eis und werden daher auch „schmutzige Schneebälle“ genannt.

Kometen kreisen in langen, elliptischen Bahnen um die Sonne. Dadurch kommen sie der Sonne eine Zeit lang sehr nah. In dieser so genannten „aktiven Phase“ beginnen sie, durch die Hitze der Sonne zu schmelzen.

Staub- und Gasteile lösen sich vom Kern und bilden eine Dunstwolke (Koma) um den Kometen. Die Koma wird von den Sonnenwinden weggeblasen. Dadurch entsteht ein bis zu 300 Millionen km langer Schweif, der von der Sonne angestrahlt wird, so dass er weithin sichtbar leuchtet.

Diesem Phänomen verdanken die Schweifsterne, wie man Kometen auch nennt, ihre Bezeichnung.

Während die meisten Kometen nur einmal bei uns auftauchen, gibt es auch so genannte „periodische Kometen“, die sich regelmäßig der Sonne nähern. Der bekannteste ist der Halleysche Komet.

Er ist benannt nach dem Astronomen Edmund Halley, der ihn im Jahr 1682 entdeckte und seine Bahn berechnete. Alle 76 Jahre kommt der Komet der Sonne und damit auch der Erde so nah, dass wir ihn sehen können. Das letzte Mal geschah dies im Jahr 1986.

Asteroiden

Asteroiden werden auch Planetoiden (Kleinplaneten) gennant. Es sind große Brocken aus Gestein oder Metall, die sich nicht zu großen Planeten ausgebildet haben.

Es gibt verschieden große Asteroiden. Einige haben die Größe eines Hauses, andere sind so groß wie Berge. Ceres, der größte bekannte Asteroid, hat einen Durchmesser von rund 1000 km.

Die meisten Asteroiden befinden sich im Asteroidengürtel zwischen Jupiter und Mars in einer Umlaufbahn um die Sonne.

Meteoriten

Meteoriten sind kleinere, teils metallhaltige Staub- und Gesteinsbrocken. Die meisten sind winzig wie ein Staubkorn. Manche sind aber auch einige Meter lang, die größten wiegen mehrere Tonnen.

Wenn sie in ihrer Umlaufbahn um die Sonne in die Nähe der Erde kommen, werden sie von der Gravitation der Erde angezogen und verglühen in der Erdatmosphäre. Dabei leuchten sie kurz als feiner Strich auf. Der Fachbegriff für diese Leuchtspur ist Meteor. Die meisten sagen aber einfach „Sternschnuppe“ dazu!

Schäden durch Meteoriten

Wissenschaftler schätzen, dass täglich rund 40 Tonnen Meteoritenstaub auf die Erde stürzen. Da die Teile aber größtenteils nur millimetergroß sind, bekommen wir davon kaum etwas mit.

Sehr viel gefährlicher ist es, wenn größere Meteoritenbrocken oder gar Asteroiden auf die Erde stürzen. Sie sind zu groß, um in der Erdatmosphäre zu verglühen und richten beim Aufprall auf die Erdoberfläche schwerste Schäden an.

Dies ist zum Glück sehr selten, aber an manchen Orten auf der Erde finden sich riesige Krater, die vor vielen tausend Jahren durch den Aufprall von Meteoriten entstanden sind.

Weltraumforschung

Schon ewig träumten die Menschen davon, zu den Sternen zu fliegen. Aber erst im 20. Jahrhundert hatten sie genug Wissen und Kenntnisse erworben, um die nötigen technischen Geräte für die Raumfahrt zu entwickeln.

Satelliten

Der erste Schritt zur Erkundung des Weltraums war und ist die „unbemannte“ Raumfahrt. Unbemannt heißt, dass keine Menschen an Bord der Raumfluggeräte sind. 1957 gelang es der Sowjetunion als erstem Staat, einen Satelliten in die Erdumlaufbahn zu bringen: „Sputnik 1“.

Als Satelliten bezeichnet man einen Körper oder ein Objekt, das um ein anderes kreist. Der Mond ist sozusagen ein „natürlicher“ Satellit der Erde. Die von Menschen gebauten Satelliten nennt man auch „künstliche“ Satelliten.

Die künstlichen Satelliten in der Erdumlaufbahn haben verschiedenste Aufgaben. Einige machen Fotos von der Erde, z. B. von der Wolkenbildung, und sammeln Daten über die jeweiligen Wetterbedingungen, damit die Menschen genauere Wettervorhersagen machen können.

Andere Satelliten leiten Signale, die sie von Fernseh-, Radio- oder Telefonsendern empfangen, zu anderen Erdteilen weiter. Nur so können die Menschen auf der Erde z. B. Live-Fernsehübertragungen aus anderen Ländern sehen.

Manche Autos haben ein „Global Positioning System“ (GPS). Das ist ein Navigationssystem, das mit Hilfe von Satelliten die genaue Position auf der Erde bestimmt und damit die beste Strecke für den Fahrer ermitteln kann.

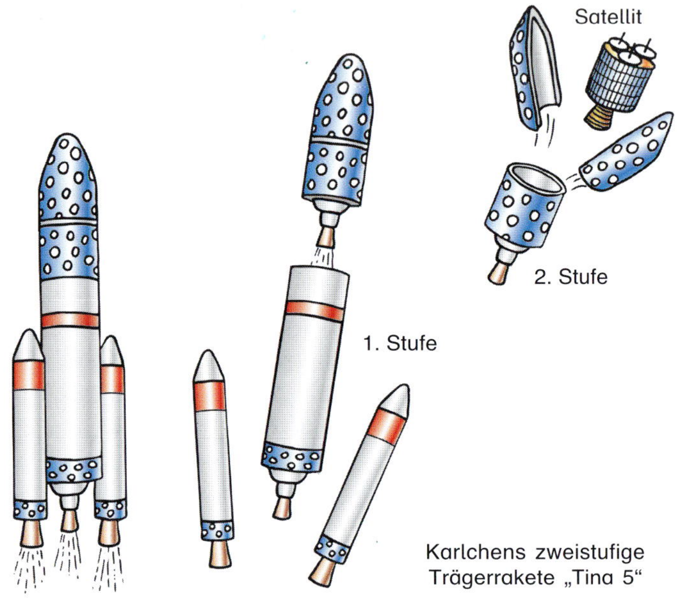

Karlchens zweistufige Trägerrakete „Tina 5“

Raketen

Um ein Objekt wie einen Satelliten in die Umlaufbahn der Erde zu bringen, muss man die Gravitation (Anziehungskraft) unseres Planeten ausgleichen, damit das Objekt nicht wieder auf die Erde zurückfällt.

Das gelingt nur mit einer besonders hohen Geschwindigkeit, die vierzigmal schneller sein muss als ein Jumbojet. Nur eine Rakete erzeugt die nötige Schubkraft, um schnell genug zu werden.

Eine Rakete verbrennt Treibstoff und stößt die heißen Gase durch ihre hinteren Düsen aus. Dadurch bekommt die Rakete einen Schub nach vorn. Man nennt das auch „Rückstoßprinzip“.

So funktioniert ein Rückstoßprinzip: Wenn du von einem Boot an Land springst, bewegt es sich in die andere Richtung. Wenn du einen aufgeblasenen Luftballon loslässt, strömt die Luft so schnell aus dem Ballon heraus, dass er duch den Rückstoß davonsaust! Eine Rakete erreicht diesen Rückstoß durch den Ausstoß heißer Gase.

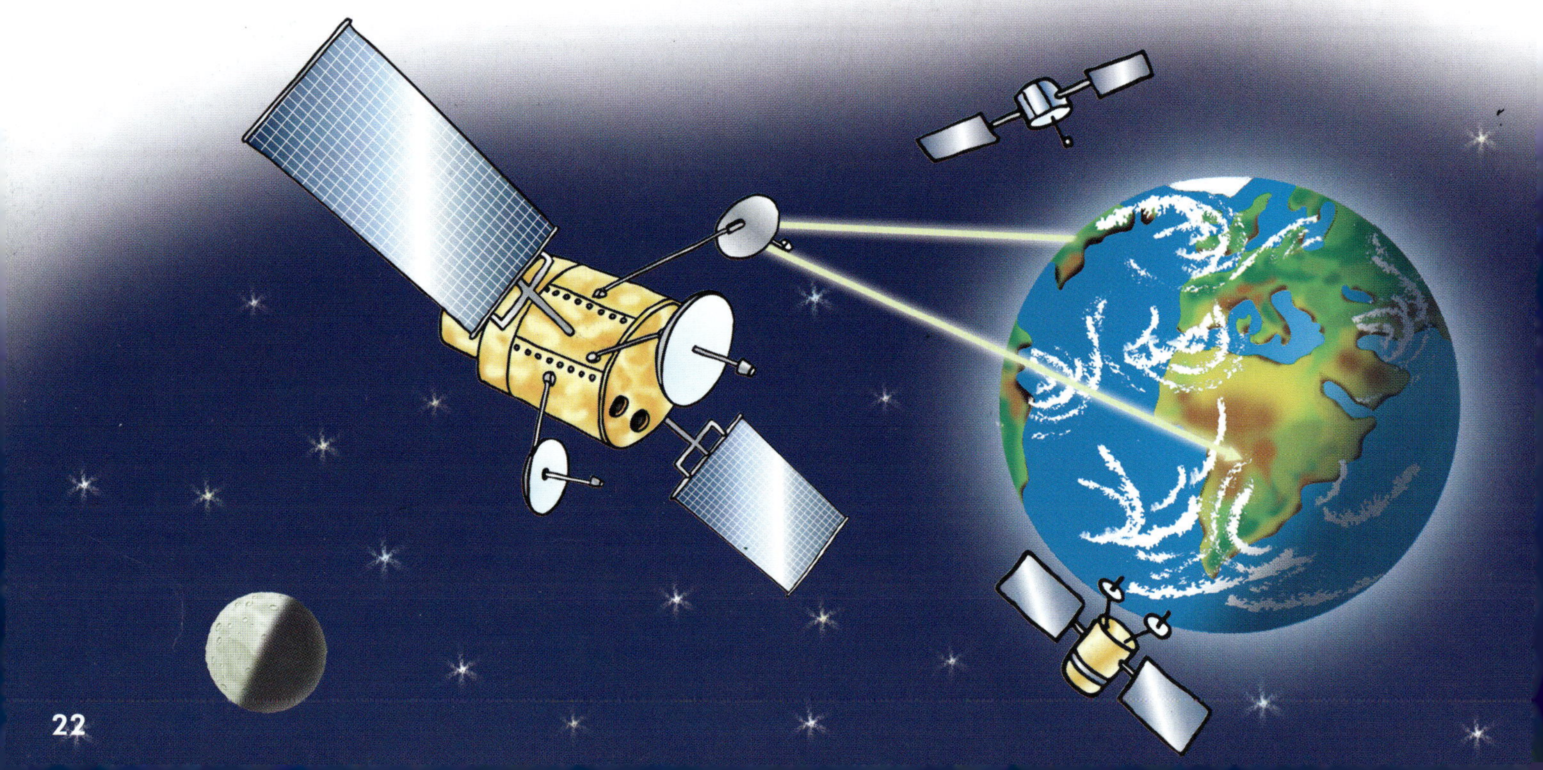

Mehrstufige Raketen

Eine Rakete allein ist zu schwach, um Satelliten oder sogar Raumschiffe in den Weltraum zu bringen. Deshalb sind die so genannten „Trägerraketen" aus mehreren einzelnen Raketen (Stufen) zusammengesetzt, die nacheinander gezündet werden.

Der Start erfolgt mit der ersten Stufe. Wenn deren Treibstoff aufgebraucht ist, zündet die zweite Stufe, und die erste wird abgesprengt. Danach folgt die dritte Stufe, die am Ziel abgesprengt wird, um den Satelliten auszusetzen.

Warum bleiben Satelliten in der Umlaufbahn?

Damit ein Satellit in der Erdumlaufbahn bleibt, muss er mit Hilfe der Rakete eine ausreichende Höhe sowie die richtige Geschwindigkeit erreichen. Diese beträgt 7,9 m/s oder 28 440 km/h und heißt „erste kosmische Geschwindigkeit".

Ab einer Höhe von 200 km über der Erdoberfläche ist die Luft so dünn, dass ein einmal beschleunigter Satellit ungebremst bis in alle Ewigkeit weiterfliegen könnte, wenn nicht die Erdanziehungskraft wie eine Bremse wirken würde.

Die erste kosmische Geschwindigkeit ist gerade so schnell, dass der Satellit nicht auf die Erde zurückfällt, aber nicht schnell genug, um ihn weiter von der Erde wegzubewegen. Der Satellit muss um die Erde kreisen.

Raumsonden

Während die künstlichen Satelliten in ihrer Umlaufbahn um die Erde bleiben, gehen unbemannte, vollautomatische Flugkörper, Raumsonden, in den Weiten des Weltraums für uns Menschen auf Erkundungstour.

An Bord der Sonden befinden sich Kameras, Messgeräte und moderne, computergestützte Funkgeräte, um die Ergebnisse der Forschung an die Erde zu senden.

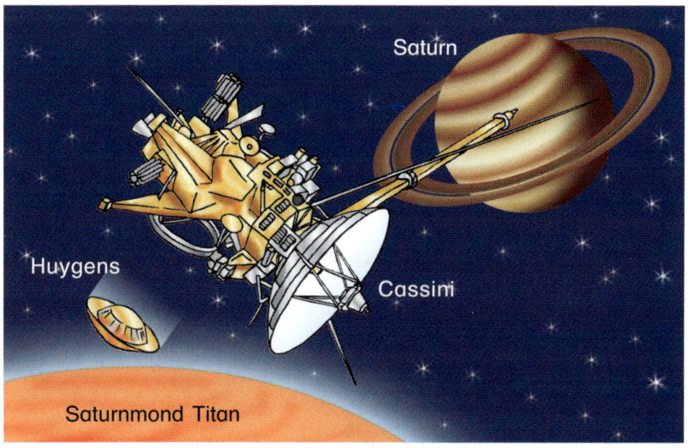

Die Sonden nutzen die Gravitation der Planeten, um ihre Geschwindigkeit zu erhöhen. Die Anziehungskraft eines Planeten beschleunigt die Sonde. Der berechnete Flugkurs führt sie aber ganz knapp an dem Planeten vorbei und schleudert sie weiter in den Weltraum. Dieses „Schwungholen" heißt auch „Swing-by-Manöver".

Viele verschiedene Sonden haben bereits das Sonnensystem für uns erforscht. 1997 startete die „Cassini-Huygens-Mission", ein Gemeinschaftsprojekt der USA und Europas. Im Sommer 2004 erreichte die amerikanische „Cassini-Sonde" den Saturn und schwenkte in eine Umlaufbahn um den Planeten ein.

Sie führte ein mit verschiedenen Messgeräten ausgestattetes Landegerät, „Huygens", mit sich. Huygens wurde in Europa gebaut. Es landete im Januar 2005 auf dem Saturnmond Titan und sendete Daten aus seiner Atmosphäre.

Raumfahrt

Die ersten Menschen im Weltraum

Wie die Sowjetunion arbeiteten auch die USA in den 1950er Jahren fieberhaft an eigenen Raumfahrtprojekten. Während die Raumfahrt in der Sowjetunion Teil des Militärs war, gründeten die Amerikaner 1958 eine zivile Raumfahrtbehörde, die NASA (National Aeronautics and Space Administration).

Nachdem es der Sowjetunion im Oktober 1957 mit „Sputnik 1“ gelungen war, einen Satelliten in die Erdumlaufbahn zu schießen, entbrannte ein Wettlauf um die erste Reise von Menschen in den Weltraum.

Laika

Die Sowjetunion schickte im November 1957 mit „Sputnik 2“ das erste Lebewesen ins All, die Hündin Laika.

Im April 1961 war es dann so weit. An Bord des Raumschiffs „Wostok“ umkreiste der Russe Jurij Gagarin als erster Mensch im All in 108 Minuten die Erde. Ein Jahr später, im Februar 1962, umrundete der erste Amerikaner, John Glenn, in der Raumfähre „Friendship 7“ in vier Stunden und 55 Minuten die Erde dreimal.

1965 kam der nächste Schritt. In Raumanzug und gesichert duch ein Halteseil, verließen die ersten Menschen für kurze Zeit die Raumfähre, um frei im Weltraum zu schweben. Auch hier war im März ein sowjetischer Kosmonaut der Erste, ein amerikanischer Astronaut folgte drei Monate später.

In Europa und Amerika nennt man die Weltraumreisenden Astronauten, „Sternen-Seefahrer“ (griechisch: astron = Stern, nautes = Seemann). Die russische Bezeichnung Kosmonaut bedeutet fast das Gleiche: „Weltall-Seefahrer“ (griechisch: kosmos = Weltall). In China heißt es Taikonaut (chinesisch: taikong = Weltall).

Die erste Mondlandung

Im Jahr 1969 erreichte die amerikanische Raumfähre „Apollo 11“ mit drei Astronauten an Bord den Mond und schwenkte in seine Umlaufbahn ein. Dort koppelte eine Landefähre mit zwei Astronauten an Bord von der so genannten „Kommandoeinheit“ der Raumfähre ab.

Der dritte Astronaut wartete in der Kommandoeinheit, um später die Rückkehr der Landefähre und ihr erneutes Andocken zu überwachen und zu steuern.

Die Landefähre „Eagle“ (englisch: Adler) setzte am 20. Juli 1969 auf dem Mond auf. Am 21. Juli 1969 um 3:56 Uhr mitteleuropäischer Zeit betrat der Amerikaner Neil Armstrong als erster Mensch den Mond.

Als Neil Armstrong den Mond betrat, sagte er die berühmten Worte: „Ein kleiner Schritt für einen Menschen, aber ein großer Sprung für die Menschheit!“

Die USA unternahmen bis 1972 noch weitere bemannte „Apollo-Missionen“ zum Mond. Die Sowjetunion schickte keine Menschen zum Mond. Die sowjetischen „Luna-Missionen“ zwischen 1970 und 1976 waren unbemannt.

Nach der letzten bemannten Reise zum Mond 1972 konzentrierte sich die internationale Raumfahrt wieder auf die Erdatmosphäre und baute Weltraumstationen, große Raumschiffe, die in einer Umlaufbahn um die Erde kreisen (s. „Internationale Raumstation ISS“, S. 26/27).

Der Spaceshuttle

Die ersten, kapselförmigen Raumfähren waren immer nur einmal benutzbar, denn sie konnten bei ihrer Rückkehr auf die Erde nur mit Hilfe von Fallschirmen landen. Deshalb entwickelte die amerikanische Raumfahrtbehörde NASA eine neue „wiederverwertbare“ Raumfähre, den Spaceshuttle. Der erste bemannte Spaceshuttle hieß „Columbia“ und startete 1981.

Der Spaceshuttle hat einen eigenen Raketenantrieb. Aber um in die Erdatmosphäre zu gelangen, benötigt auch er „Unterstützung“ in Form von zwei zusätzlichen Raketen, die „Booster“ heißen.

Beim Start „sitzt“ der Shuttle auf einem gewaltigen Treibstofftank, der seinen Raketenantrieb speist. Links und rechts am Tank sind die beiden Booster angebracht, die ihren eigenen Treibstoff verbrennen und damit für zusätzlichen Schub sorgen.

Nach ein paar Minuten sind die Booster ausgebrannt und werden abgesprengt. Etwas später, kurz vor Erreichen der Umlaufbahn, folgt der Haupttank, und der Shuttle fliegt allein weiter.

Der Spaceshuttle besitzt verkürzte Tragflächen und ein Heckruder. Damit kann er ähnlich wie ein Gleitflugzeug landen. Weil der Shuttle selbst nicht bremsen kann, helfen ihm beim Bremsen zusätzlich große Bremsfallschirme, und die Rollbahn ist extralang.

Die ESA und die „Ariane“-Raketen

1973 wurde die Europäische Weltraumbehörde ESA (European Space Agency) gegründet, der heute 15 Staaten angehören: Frankreich, Italien, Deutschland, Großbritannien, Irland, Dänemark, Schweden, Finnland, Norwegen, Belgien, die Niederlande, Österreich, Schweiz, Spanien und Portugal.

Das europäische Raketenprogramm heißt „Ariane“. Die Raketenstartanlage befindet sich in Kourou in Französisch-Guayana (einem französischen Außengebiet, das in Südamerika liegt).

Die erste Rakete der Serie, „Ariane 1“, startete 1979. 1985 transportierte sie die erste europäische Raumsonde „Giotto“ in den Weltraum. Giotto flog 1986 dicht am Halleyschen Kometen vorbei und sendete Informationen an die Erde.

In den folgenden Jahrzehnten wurde die Rakete weiterentwickelt. Ab 1988 startete mit der „Ariane 4“ die wirtschaftlich erfolgreichste europäische Trägerrakete, die mit 116 Starts ganze 186 Satelliten in die Erdumlaufbahn brachte.

Die „Ariane 5“ startete erstmals 1996. Es gab von Anfang an viele Fehlschläge. Die Rakete musste darum mehrfach überarbeitet werden. Im Februar 2005 konnte das neueste Modell „Ariane 5 ECA“ erfolgreich starten und zwei Satelliten in die Erdumlaufbahn bringen.

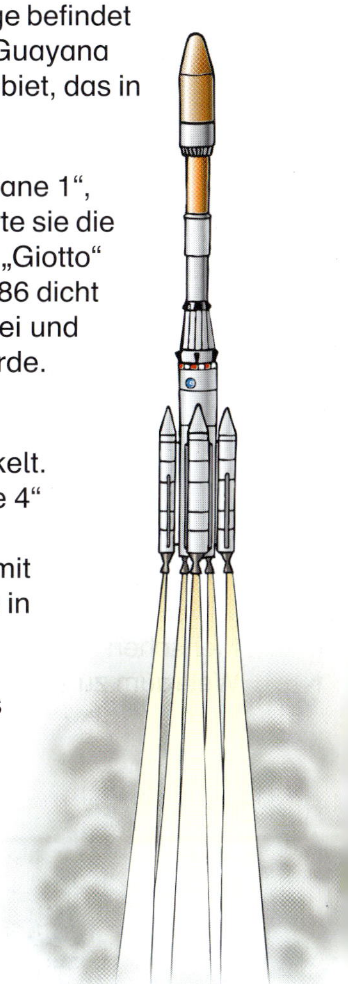

Ariane 4

Spaceshuttle

Internationale Raumstation ISS

Die ersten Raumstationen

Die erste Raumstation im Orbit (einer Umlaufbahn) um die Erde war 1971 die sowjetische „Saljut 1“. Sie hatte mehrere Nachfolger, der letzte, die „Saljut 7“, blieb von 1982 bis 1991 im All. Von 1973 bis 1974 war die amerikanische Raumstation „Skylab“ in Betrieb. Im Jahr 1979 verglühte sie planmäßig beim Wiedereintritt in die Atmosphäre.

Ab 1983 entwickelten die NASA und die ESA gemeinsam ein wiederverwertbares Weltraumlabor, das „Spacelab“. Die Besonderheit an dem Labor war, dass es auf dem ganzen Flug mit dem Spaceshuttle, der es transportierte, verbunden blieb. Die erste internationale „Spacelab-Mission“ war 1985.

Die Station, die bisher am längsten im Orbit war, hieß „Mir“. Mit der Mir startete die Sowjetunion 1986 ihre letzte eigene Raumstation, die bis 2001 im Orbit verblieb. Im Lauf der Jahre wurde die Mir auch international genutzt.

Seit der Auflösung der Sowjetunion im Jahr 1991 führt Russland das Raumfahrtprogramm weiter. Die russische Raumfahrtbehörde heißt Rosaviakosmos (RAKA) und arbeitet seit den 1990er Jahren zunehmend enger mit der NASA und der ESA zusammen.

Die ISS

1998 begannen die Bauarbeiten an der Internationalen Raumstation ISS (International Space Station). Insgesamt 16 Staaten sind an der ISS beteiligt: USA, Kanada, Russland, Japan, Brasilien sowie elf Mitgliedsländer der ESA, darunter auch Deutschland.

Die Bauarbeiten dauern noch bis voraussichtlich 2010, aber bereits seit 2000 hat die ISS eine ständige Besatzung aus drei Mitgliedern, die halbjährlich wechselt. Bemannte und unbemannte Raumschiffe versorgen die Station regelmäßig mit technischen Gütern und Lebensmitteln.

Wenn die ISS fertig gestellt ist, soll sie 80 m lang und 88 m tief sein, die Solarsegelspannweite soll 108 m betragen. Mit ca. 455 Tonnen Gesamtgewicht wird sie so viel wiegen wie etwa 100 ausgewachsene Elefanten!

An Bord der fertig gestellten ISS werden sieben Astronauten Platz haben, die dort unter anderem die Auswirkungen der Schwerelosigkeit (siehe unten) auf Mensch und Technik untersuchen. Diese Forschung ist wichtig für die Planung und Durchführung längerer Weltraumreisen von Menschen, z. B. zum Mars!

Leben in der Schwerelosigkeit

Die ISS umkreist die Erde in einer Höhe von etwa 400 km (400 000 m). Die Entfernung zur Erde ist so weit, dass man die Anziehungskraft (Gravitation) der Erde kaum noch spürt.

Menschen und Gegenstände, die nicht fest verankert sind, fangen an zu schweben. Dieser Zustand heißt auch Mikrogravitation (griechisch: mikros = klein) oder „Schwerelosigkeit“.

Die Astronauten an Bord der ISS gehen also nicht durch die Station, sondern sie schweben! Überall an den Wänden sind Griffe angebracht, an denen man sich festhalten kann. Es gibt auch Schlaufen, in die man Hände oder Füße stecken kann, um nicht wegzuschweben.

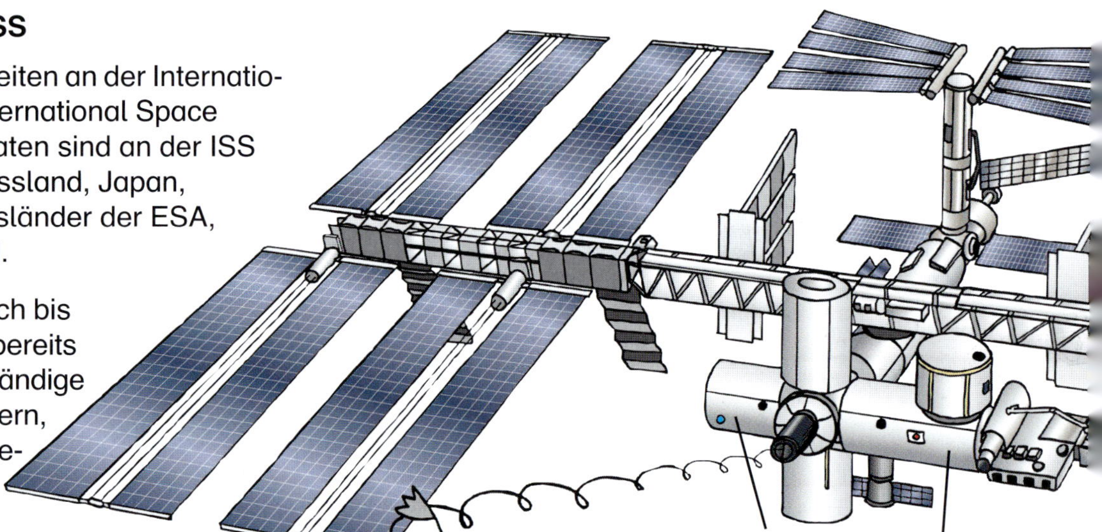

Wenn ein Astronaut im All arbeiten will, muss er einen Raumanzug tragen, denn der luftleere Raum ist für Menschen tödlich. Dazu kommen die gefährliche radioaktive Strahlung, eisige Temperaturen und umherschwebende kleine Meteoritenbröckchen. Ein Raumanzug ist beheizbar und verfügt über eine eigene Luftversorgung zum Atmen. Zum Schutz vor der lebensfeindlichen Umgebung besteht er aus reiß- und stoßfestem Material, das absolut luftdicht ist.

Schwerelos schlafen

Zum Schlafen schlüpfen die Astronauten in befestigte Schlafsäcke oder spezielle Schlafkojen, um im Schlaf nicht umherzuschweben und sich womöglich an etwas zu stoßen und zu verletzen.

In der Schwerelosigkeit gibt es kein Oben und Unten. Also kann man dort auch „im Stehen“ oder „kopfüber“ schlafen!

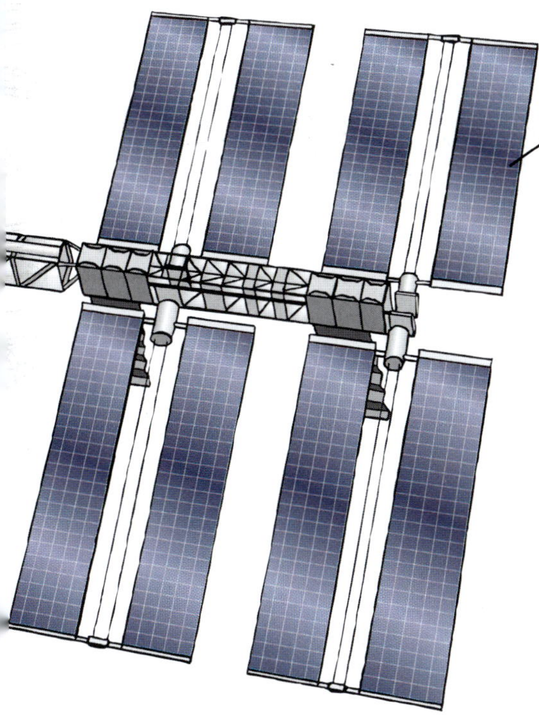

So sieht die **ISS** nach ihrer Fertigstellung im Jahr 2006 aus.

Schwerelos essen

Normales Essen und Trinken sind in der Schwerelosigkeit ebenfalls schwierig, da auch Flüssigkeiten tropfenweise durch die Luft schweben. Aus diesem Grund trinken Astronauten im Weltraum nur mit Strohhalmen.

Früher gab man den Astronauten breiförmiges Essen in Tuben mit. Heute gibt es Essen in getrockneter Form oder Konserven.

Außerdem gibt es Gerichte aus Konservendosen. Als Trick wurde Gelatine untergemischt, deshalb bleibt das Essen an Teller und Löffel kleben. Bestimmte Speisen, wie etwa Quark, gibt es heute noch in Tuben. Die meisten Gerichte und Getränke werden in Pulverform mitgenommen, damit sie leichter sind.

Schwerelos auf der Toilette

Alle lebensnotwendigen Dinge wie Luft zum Atmen, Wasser zum Trinken sowie Lebensmittel und alle technischen Geräte müssen von der Erde mit auf die Station gebracht werden. Die Astronauten an Bord der Station müssen sparsam mit den Vorräten umgehen.

Die Toilette auf einer Raumstation funktioniert nicht mit einer Wasserspülung, sondern wie ein Staubsauger. Mit Hilfe von Haltegriffen oder Gurten kann man sich auf dem Toilettensitz festschnallen. Dann wird ein Ventilator eingeschaltet, der alles aufsaugt.

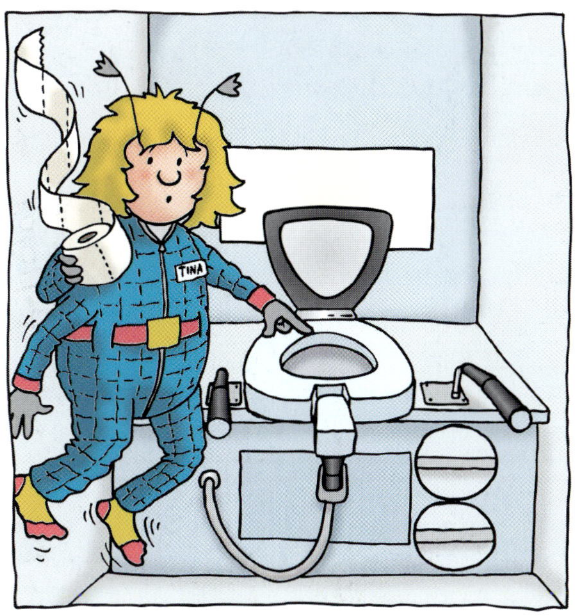

Die Toilette an Bord einer Raumstation funktioniert wie ein Staubsauger!

Die Zukunft der Raumfahrt

Neue Raumsonden-Missionen

Für die kommenden Jahre und Jahrzehnte sind viele spannende Raumfahrtprojekte geplant. Mehrere Raumsonden sollen weitere und genauere Daten über unser Sonnensystem sammeln. Häufig verschieben sich Starts allerdings, z. B. weil Raumsonden nicht rechtzeitig fertig sind.

Für das Jahr 2005 sind jedenfalls unter anderem folgende Missionen geplant: eine neue Marssonde der NASA („Mars Reconnaissance Orbiter“) und eine Sonde der ESA zur Venus, die „Venus Express“.

Für 2013 plant die NASA den Start der „New Horizons“-Mission. Diese Sonde soll endlich den Pluto und die Region dahinter, den Kuiper-Gürtel, erforschen. Kaum zu glauben: Der Pluto ist so weit entfernt, dass die Sonde neun Jahre braucht, um ihn zu erreichen.

Andere Sonden sind bereits unterwegs, wie z. B. die „Messenger“-Sonde der NASA, die auf dem Weg zum Merkur ist, oder die ESA-Sonde „Rosetta“. Sie soll im Jahr 2014 den Kometen Churyumov-Gerasimenko erreichen und das Landegerät „Philae“ auf der Oberfläche absetzen.

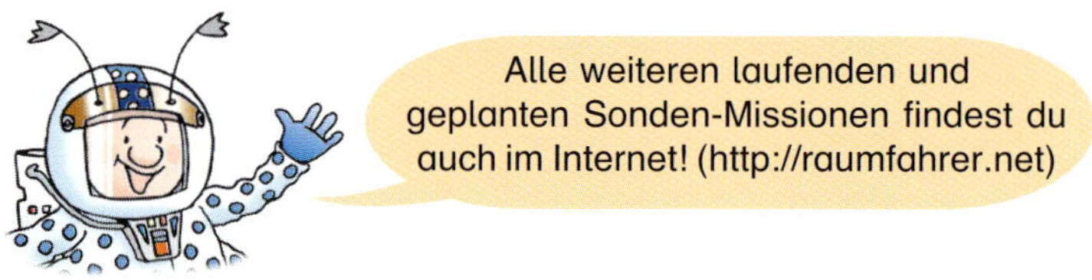

Die Zukunft der bemannten Raumfahrt

Neben der unbemannten Raumfahrt gibt es aber auch neue Ziele für die bemannte Raumfahrt. Das nächste Ziel ist natürlich die Fertigstellung und Inbetriebnahme der ISS (s. S. 26).

Danach sind neue Reisen zum Mond in Planung. Man will versuchen, dort Stationen aufzubauen. Astronauten könnten dort, als Vorbereitung auf eine bemannte Mars-Mission, die Bedingungen eines längeren Aufenthaltes auf einem fremden Planeten testen.

Wissenschaftler und Techniker tüfteln an den Konstruktionen leistungsstärkerer Raketen und neuer Raumfähren. Bis die Menschen tatsächlich zum Mars fliegen können, werden aber wohl noch mehrere Jahrzehnte vergehen.

So könnten die Raumfähren der Zukunft aussehen!

In der Zukunft könnten auf dem Mars Raumstationen entstehen. Die Astronauten könnten für ihre Erkundungstouren auf der Planetenoberfläche spezielle Fahrzeuge nutzen.

Möglicherweise wird der Weltraum in der Zukunft auch touristisch erschlossen. Stell dir vor, du machst Urlaub auf dem Mond und kannst aus deinem Hotelfenster den wunderschönen „Blauen Planeten“ Erde sehen!

Tatsächlich ist es bereits möglich, als Tourist die ISS zu besuchen. Im Jahr 2001 besuchte der Amerikaner Dennis Tito als erster Weltraumtourist die Station. Im Jahr 2002 folgte der Südafrikaner Mark Shuttleworth. Im April 2005 besucht der Amerikaner Gregory Olsen die Station. Voraussetzung für einen „Urlaub“ in der ISS: Man muss gesund sein – und Millionär: die russische Weltraumagentur berechnet 20 Millionen US-Dollar für einen einwöchigen Aufenthalt!

Problem Weltraummüll

Eine weitere wichtige Aufgabe für die moderne Raumfahrt ist die Lösung des Müllproblems im erdnahen Weltraum. Von den vielen Raketenstarts sind unzählige ausgebrannte Raketenstufen, Reste und Rückstände übrig geblieben.

Viele Satelliten und unzählige Mengen von Weltraumschrott umkreisen die Erde. Die Gefahr von Zusammenstößen wird dadurch immer größer!

Dazu kommen alte und kaputte Satelliten, die man nicht mehr steuern kann, und sogar Werkzeug, das Astronauten bei Arbeiten im All verloren haben.

Manches vom Weltraummüll verliert nach Jahren langsam an Höhe und verglüht in der Erdatmosphäre, aber es kreisen weiterhin viele Teile mit hoher Geschwindigkeit in einer Umlaufbahn um die Erde.

Dieser Weltraumschrott birgt natürlich viele Gefahren für die Raumfahrt. Ein Zusammenstoß mit Weltraumschrott könnte nicht nur Satelliten, sondern auch Raumfähren und Raumstationen beschädigen oder gar zerstören und das Leben der Astronauten gefährden.

Sind wir allein im Universum?

Wir wissen heute, dass unsere Milchstraße nur eine Galaxie von vielen ist. In den Weiten des Universums gibt es unzählige Planeten, die um Sterne wie unsere Sonne kreisen. Es ist vorstellbar, dass sich auch in weit entfernten Sonnensystemen, ähnlich wie auf unserer Erde, Leben entwickelt hat.

Die Lebensbedingungen auf fremden Planeten würden sich von unseren wahrscheinlich sehr unterscheiden. Lebewesen, die unter anderen Bedingungen entstehen könnten, würden auch anders aussehen als wir, sich anders ernähren und verständigen.

Die Wahrscheinlichkeit, möglichen Lebewesen aus fernen Galaxien je zu begegnen, ist aber gering. Denn diese sind, einfach gesagt, viel zu weit weg!

Stell dir vor, die Menschen könnten irgendwann so schnell wie das Licht durch den Weltraum reisen. Selbst dann bräuchten sie allein 100 000 Jahre, um die Milchstraße zu durchqueren!

Mögliche fremde Lebensformen aus fernen Galaxien könnten uns demnach heute nur dann erreichen, wenn sie zu einer Zeit aufgebrochen wären, als wir Menschen noch gar nicht existierten!

Karlchens Weltall-Spiel

Wer ist der beste Raumfahrer in unserem Sonnensystem und erreicht am schnellsten den Pluto? Aufgepasst: Wenn du durch das Weltall reisen willst, brauchst du nicht nur ein schnelles Raumschiff, sondern auch den richtigen Kurs! Nutze geschickt die Gravitation der Planeten, um deine Geschwindigleit im Vorbeiflug zu erhöhen – aber Vorsicht: Kommst du dem Planeten zu nah, zieht die Gravitation dich in eine Umlaufbahn um den Planeten und du fällst im Wettlauf zurück!

Für dieses Spiel brauchst du einen Würfel und für jeden Mitspieler eine Spielfigur.
Und schon geht's los: Auf zum Wettlauf durch das Sonnensystem! Wer als Erster den Pluto erreicht, hat gewonnen. Gestartet wird auf der Erde. Wer zuerst eine Sechs würfelt, fängt an!
Reihum zieht jeder auf der gelben Reiseroute so viele Felder vor, wie er gewürfelt hat.
Landest du auf einem grünen Feld, kannst du eine Abkürzung nehmen! Folge der grünen Abkürzungsroute bis zum grüngelb markierten Endfeld. Bei einem grünen Pfeil darfst du deine Figur gleich auf das grüngelb markierte Endfeld setzen.
Kommst du auf ein rotes Feld, musst du mit dem nächsten Würfeln dem rot markierten Umweg bis zum rotgelb markierten Endfeld folgen. Bei einem roten Pfeil setzt du deine Figur gleich auf das rotgelb markierte Endfeld.
Gerätst du auf ein blaues Feld, machst du eine Pause. Das heißt, du setzt einmal aus.
Gewonnen hat, wer als Erster mit einem direkten Wurf das Zielfeld erreicht.

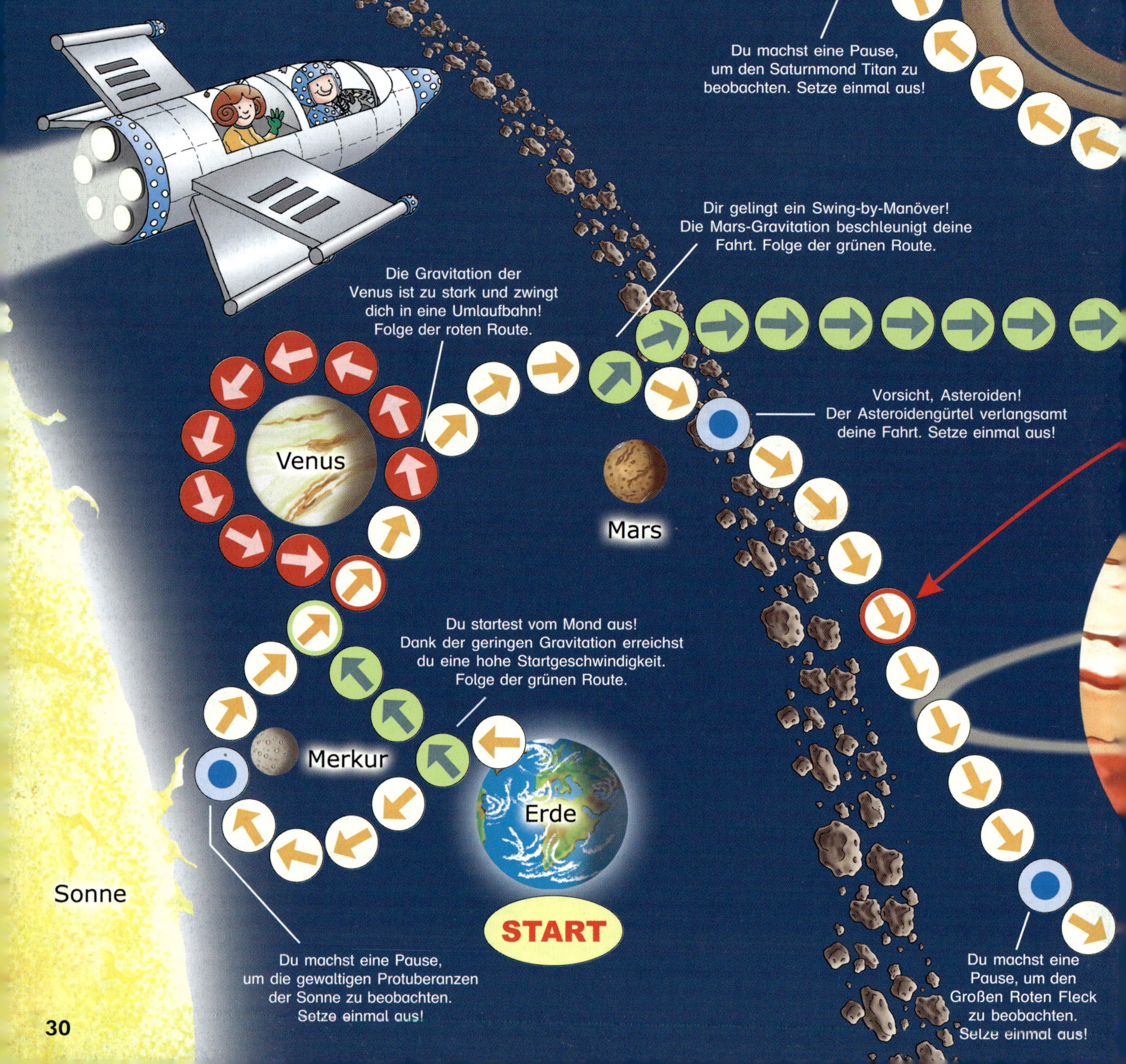

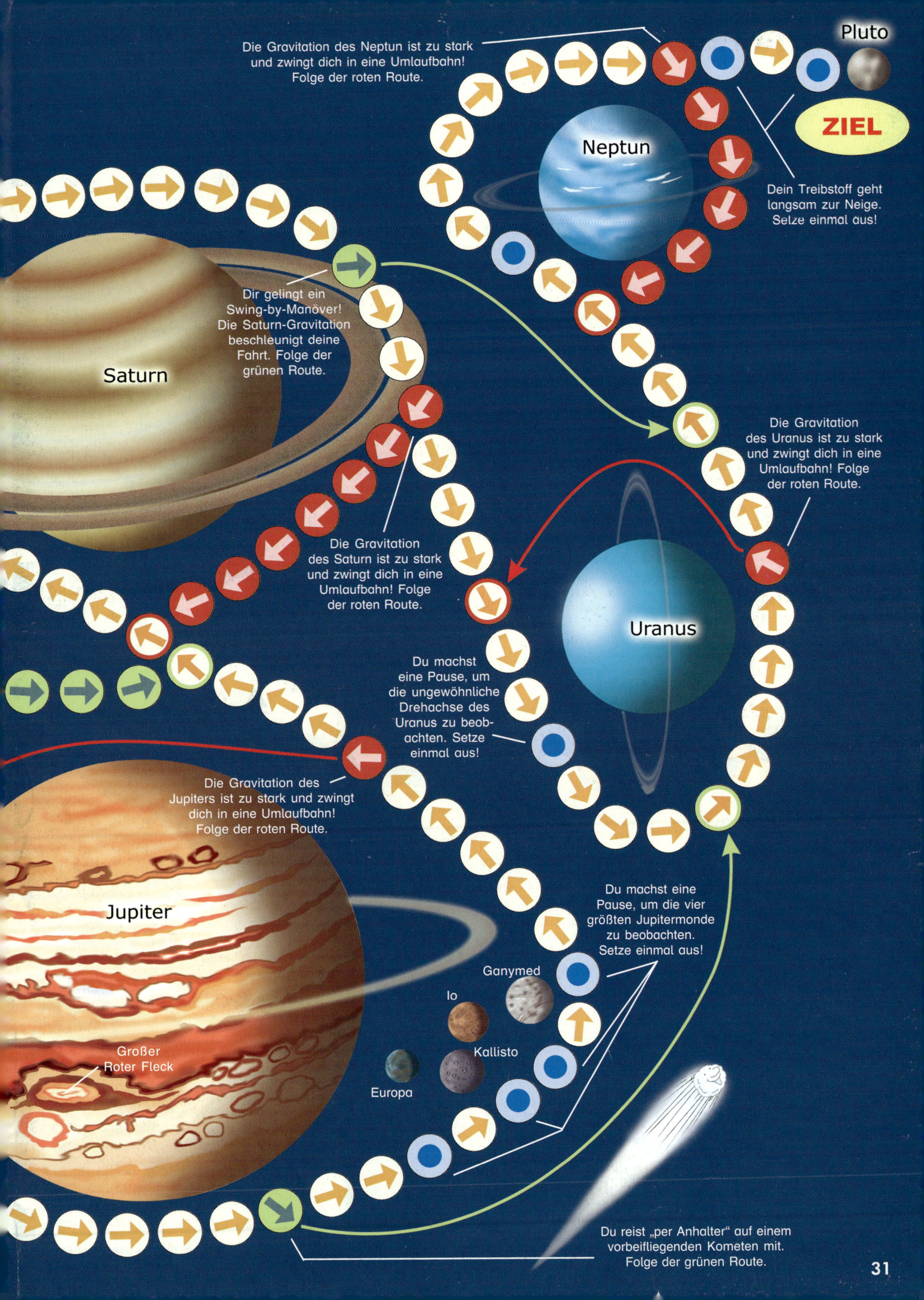
Pluto
ZIEL
Die Gravitation des Neptun ist zu stark und zwingt dich in eine Umlaufbahn! Folge der roten Route.
Neptun
Dein Treibstoff geht langsam zur Neige. Setze einmal aus!
Saturn
Dir gelingt ein Swing-by-Manöver! Die Saturn-Gravitation beschleunigt deine Fahrt. Folge der grünen Route.
Die Gravitation des Uranus ist zu stark und zwingt dich in eine Umlaufbahn! Folge der roten Route.
Die Gravitation des Saturn ist zu stark und zwingt dich in eine Umlaufbahn! Folge der roten Route.
Uranus
Du machst eine Pause, um die ungewöhnliche Drehachse des Uranus zu beobachten. Setze einmal aus!
Die Gravitation des Jupiters ist zu stark und zwingt dich in eine Umlaufbahn! Folge der roten Route.
Jupiter
Du machst eine Pause, um die vier größten Jupitermonde zu beobachten. Setze einmal aus!
Ganymed
Io
Kallisto
Europa
Großer Roter Fleck
Du reist „per Anhalter“ auf einem vorbeifliegenden Kometen mit. Folge der grünen Route.

Register

ISBN 3-8212-3028-2

Am Hehsel 40, 22339 Hamburg
Konzeption und pädagogische Beratung: Ulrike Pohlmann
Text: Anke Nixdorf
Illustrationen: Axel Dissmann
Satz: waterkant, Hamburg
Printed in Italy

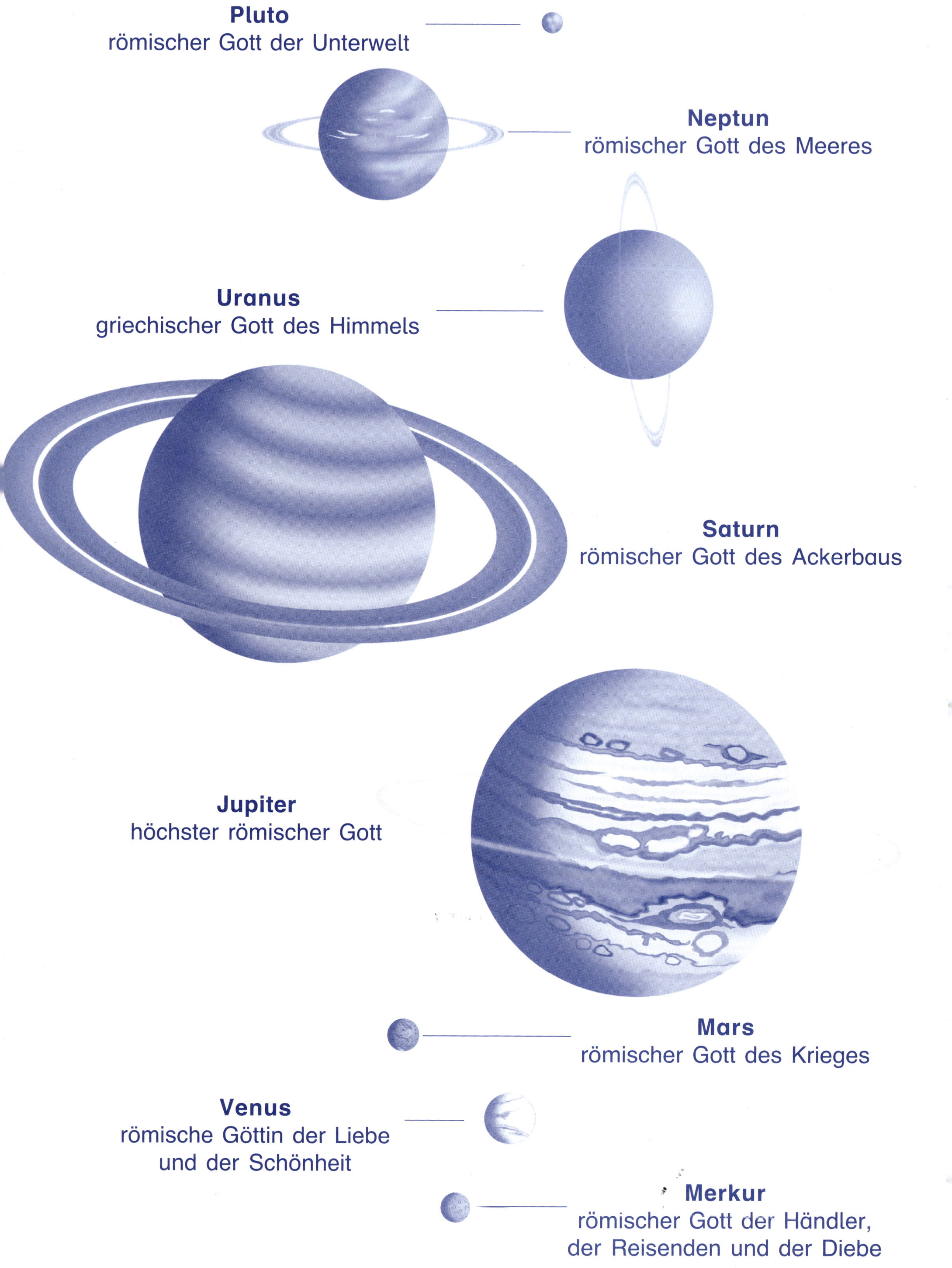
Pluto
römischer Gott der Unterwelt
Neptun
römischer Gott des Meeres
Uranus
griechischer Gott des Himmels
Saturn
römischer Gott des Ackerbaus
Jupiter
höchster römischer Gott
Mars
römischer Gott des Krieges
Venus
römische Göttin der Liebe
und der Schönheit
Merkur
römischer Gott der Händler,
der Reisenden und der Diebe